U0220200

支持
移动学习

Excel 2013
从新手到高手
公式、函数、图表与数据分析

互联网＋计算机教育研究院 编著

人民邮电出版社

北京

图书在版编目（CIP）数据

Excel 2013从新手到高手 ：公式、函数、图表与数据分析 / 互联网+计算机教育研究院编著. -- 北京 ：人民邮电出版社，2018.2（2024.2重印）
ISBN 978-7-115-46343-2

Ⅰ. ①E… Ⅱ. ①互… Ⅲ. ①表处理软件 Ⅳ. ①TP391.13

中国版本图书馆CIP数据核字(2017)第167584号

内 容 提 要

本书主要从基本操作、公式与函数、图表与数据分析3个方面，讲解办公软件中Excel 2013的数据处理与分析的操作过程，以帮助各行各业的工作人员快速、高效地完成各项工作。书中的主要内容包括数据的编辑处理、数据的显示与输出、公式和函数的基本操作、逻辑和文本函数的应用、日期和时间函数的应用、统计和数学函数的应用、查找和引用函数的应用、财务函数的应用、图表的应用、数据分析与汇总、数据透视表和数据透视图的应用、其他数据分析方法等。全书采用案例的形式对知识点进行讲解，读者在学习本书的过程中，不但能掌握各个知识点的使用方法，还能掌握案例的制作方法，做到"学以致用"。

本书适用于需要掌握 Excel 操作技能的初、中级读者，也可供企事业单位的办公人员自学使用，还可作为院校各相关专业及社会培训班的教材。

◆ 编　　著　互联网+计算机教育研究院
　　责任编辑　刘海溧
　　责任印制　彭志环

◆ 人民邮电出版社出版发行　　北京市丰台区成寿寺路 11 号
　　邮编　100164　电子邮件　315@ptpress.com.cn
　　网址　http://www.ptpress.com.cn
　　北京捷迅佳彩印刷有限公司印刷

◆ 开本：700×1000　1/16
　　印张：18　　　　　　　　　2018 年 2 月第 1 版
　　字数：412 千字　　　　　　2024 年 2 月北京第 9 次印刷

定价：49.80 元（附光盘）

读者服务热线：(010)81055256　印装质量热线：(010)81055316
反盗版热线：(010)81055315

前 言

PREFACE

考勤表、工资表、销售分析表等都是日常办公中很常见的表格，这些表格往往都是使用 Excel 软件制作完成的。Excel 软件提供了丰富的数据处理功能，如使用公式和函数对数据进行复杂的运算，用各种图表对数据进行直观显示，利用分类、排序、筛选等功能完成各种数据的分析等。Excel 是 Office 办公软件的重要成员之一，能掌握并熟练使用它对于各行业的办公人员都具有十分重要的意义。

■ 内容特点

本书以案例带动知识点的方式来讲解 Excel 2013 在实际工作中的应用：每小节均组织了行业案例，强调了相关知识点在实际工作中的具体操作，实用性强；每个操作步骤均进行了配图讲解，且操作与图中的标注一一对应，条理清晰；文中穿插有"操作解谜"和"技巧秒杀"小栏目，补充介绍相关操作提示和技巧；另外，每章结尾还设有"新手加油站"和"高手竞技场"，其中，"新手加油站"为读者提供了相关知识的补充讲解，便于读者课后拓展学习，"高手竞技场"给出了相关操作要求和效果，重在锻炼读者的实际动手能力。

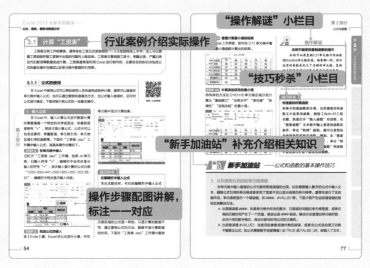

■ 配套资源

本书配有丰富的学习资源，以使读者学习更加方便、快捷。配套资源具体内容如下。

视频演示： 本书所有的实例操作均提供了教学微视频，读者可通过扫描二维码进行在线学习，也可通过光盘进行本地学习。此外，读者在使用光盘学习时可选择交互模式，也就是光盘不仅可以"看"，还提供实时操作的功能。

素材、效果文件： 本书提供了所有实例需要的素材和效果文件，素材和效果文件均以案例名称命名，便于读者查找。例如，如果读者需要使用第 3 章 3.1 节中的"工资表"素材文件，按"光盘\素材\第 3 章"路径打开光盘文件夹，即可找到该案例对应的素材文件。

海量相关资料： 本书配套提供 Office 办公高手常用技巧详解（电子书）、Excel 公式与常用函数速查手册（电子书）、Word Excel PPT 常用快捷键以及十大 Word Excel PPT 进阶网站推荐等有助于进一步提高 Word、Excel、PPT 应用水平的相关资料。

为了更好地使用上述这些资源，保证学习过程中不丢失这些资料，建议读者将光盘中的内容复制到本地计算机硬盘中使用。另外，读者还可从 http://www.ryjiaoyu.com 人邮教育社区下载后续更新的补充资料。

■ 鸣谢

本书由互联网＋计算机教育研究院编著，参与资料收集、视频录制及书稿校对、排版等工作的人员有李凤、熊春、肖庆、李秋菊、黄晓宇、蔡长兵、牟春花、李星、罗勤、蔡飓、曾勤、廖宵、何晓琴、蔡雪梅、罗勤、张程程、李巧英等，在此一并致谢！

编者

2017 年 9 月

CONTENTS 目录

第1部分
基本操作

第 **2** 章

数据的显示与输出 35

第2部分
公式与函数

第 3 部分
图表与数据分析

第11章

数据透视表和数据透视图的应用 233

第12章

其他数据分析方法 261

第1部分

第1章

数据的编辑处理

/ 本章导读

Excel 2013 是 Microsoft Office 办公软件的组件之一，其主要功能是数据的处理与分析。在使用 Excel 管理数据之前，首先要知道输入数据的位置和方法，才能根据实际需求对数据内容进行相应的编辑。本章主要介绍存放数据的单元格、工作表和工作簿的基本操作，以及不同类型数据的输入、填充、编辑、美化的方法。

值班记录表

时间	内容	处理情况
2017-1-9	-	-
2017-1-9	凌晨3点，厂房后门出现异样响动	监视器中无异常，应该为猫狗之类小动物
2017-1-10	-	-
2017-1-10	-	-
2017-1-11	-	-
2017-1-11	-	-
2017-1-12	-	-
2017-1-12	-	-
2017-1-13	-	-
2017-1-13	凌晨1点王主任返回厂房	在陪同下取回工用的文件包
2017-1-16	-	-
2017-1-16	-	-
2017-1-17	-	-
2017-1-17	-	-
2017-1-18	-	-
2017-1-18	陈德明于12点返回厂房	在其办公室过表

客户资料管理表

主要负责人姓名	电话	注册资金（万元）
李先生	8967****	¥20
姚女士	8875****	¥50
刘经理	8777****	¥150
王小姐	8988****	¥100
蒋先生	8662****	¥50
胡先生	8875****	¥50
方女士	8966****	¥100
袁经理	8325****	¥50
吴小姐	8663****	¥100
杜先生	8456****	¥200
郑经理	8880****	¥100
师小姐	8881****	¥50

1.1 创建"来宾签到表"

公司三周年的庆典即将到来，届时公司将邀请很多合作伙伴和其他各领域的贵宾前来庆贺。为掌握各方来宾的拜访情况，现需要制作一份来宾签到表，让到场来宾签名以备公司日后查询。制作"来宾签到表"主要涉及 Excel 的一些基本操作，熟练掌握工作簿、工作表和单元格的基本操作是使用 Excel 2013 进行表格制作的前提，也是打造专业、精美表格的基石。

1.1.1 工作簿的基本操作

工作簿即 Excel 文件，是用于存储和处理数据的主要文档，也称为电子表格。默认新建的工作簿以"工作簿 1"命名，并显示在标题栏的文档名处。工作簿的基本操作包括新建、保存、打开、保护和设置共享等，下面进行详细介绍。

微课：工作簿的基本操作

1. 新建和保存工作簿

要使用 Excel 2013 制作所需的电子表格，首先应创建工作簿，即启动 Excel 后将新建的空白工作簿以相应的名称保存到所需的位置。下面新建"来宾签到表 .xlsx"工作簿，并将其保存到计算机中，其具体操作步骤如下。

STEP 1　打开"开始"菜单

❶在操作系统桌面上单击"开始"按钮；❷在打开的"开始"菜单中选择"所有程序"命令。

STEP 2　启动 Excel 2013

❶在打开的子菜单中选择"Microsoft Office 2013"命令；❷在打开的子菜单中选择"Excel

2013"命令。

STEP 3　选择创建的工作簿类型

启动 Excel 2013，在右侧的列表框中选择"空白工作簿"选项。

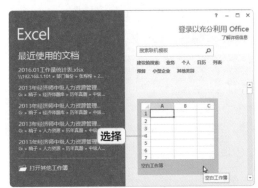

STEP 4　保存工作簿

进入 Excel 工作界面，新建"工作簿 1"工作簿，在快速访问工具栏中单击"保存"按钮。

STEP 5　浏览保存路径

打开"另存为"界面，单击右下角的"浏览"按钮。

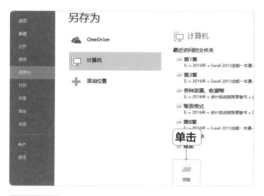

STEP 6　设置保存

❶打开"另存为"对话框，先设置文件的保存路径；❷在"文件名"下拉列表框中输入"来宾签到表"；❸单击"保存"按钮。

技巧秒杀

快速打开保存路径

如果最近保存过工作簿，那么在"另存为"界面右侧的"最近访问的文件夹"列表中，将显示最近几次的保存路径，单击所需路径即可快速打开相应的文件夹进行工作簿保存操作。

STEP 7　查看新建工作簿效果

返回 Excel 工作界面，工作簿的名称已经变为"来宾签到表"。

2. 保护工作簿结构

保护工作簿的结构是为了防止他人移动、添加或删除工作表。下面保护"来宾签到表.xlsx"工作簿的结构，其具体操作步骤如下。

STEP 1　保护工作簿

在【审阅】/【更改】组中单击"保护工作簿"按钮。

STEP 2　设置密码

❶打开"保护结构和窗口"对话框，单击选中"结

3

构"复选框; ❷在"密码"文本框中输入"123";
❸单击"确定"按钮; ❹打开"确认密码"对
话框,在"重新输入密码"文本框中输入"123";
❺单击"确定"按钮。

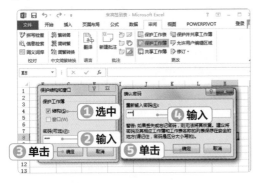

技巧秒杀

撤销工作簿结构的保护

单击"保护工作簿"按钮,在打开的对话
框中输入设置的密码即可撤销保护。

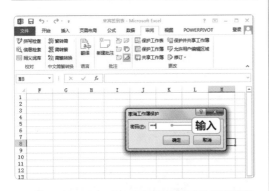

3. 加密保护工作簿

在商务办公中,工作簿中可能会保存涉及
公司机密的数据信息,这时通常要为工作簿设
置打开和修改密码。下面为"来宾签到表.xlsx"
工作簿设置保护密码,其具体操作步骤如下。

STEP 1　打开"开始"菜单

❶在 Excel 工作界面中选择【文件】/【另存为】
命令; ❷在打开的页面中间的"另存为"栏中
选择"计算机"选项; ❸在右侧的"计算机"

栏中单击"浏览"按钮。

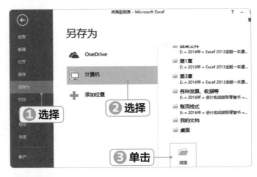

STEP 2　选择常规选项

❶打开"另存为"对话框,单击"工具"按钮;
❷在打开的下拉列表中选择"常规选项"选项。

STEP 3　设置常规选项

❶打开"常规选项"对话框,在"文件共享"
栏的"打开权限密码"文本框中输入"123";
❷在"修改权限密码"文本框中输入"123";
❸单击选中"建议只读"复选框; ❹单击"确定"
按钮。

STEP 4　确认打开密码

❶打开"确认密码"对话框,在"重新输入密码"
文本框中输入"123"; ❷单击"确定"按钮。

STEP 5 确认修改密码

❶打开"确认密码"对话框,在"重新输入修改权限密码"文本框中输入"123";❷单击"确定"按钮。

STEP 6 保存设置

❶返回"另存为"对话框,单击"保存"按钮;❷打开"确认另存为"提示框,单击"是"按钮。

STEP 7 关闭工作簿

单击 Excel 工作界面标题栏右上角的"关闭"按钮,关闭当前工作簿。

STEP 8 打开工作簿

❶打开保存"来宾签到表"工作簿的文件夹,双击"来宾签到表"选项,重新打开该工作簿时,

将先打开"密码"对话框,在"密码"文本框中输入"123";❷单击"确定"按钮。

STEP 9 获取读取权限

❶继续打开"密码"对话框,在"密码"文本框中输入"123";❷单击"确定"按钮。

STEP 10 选择打开方式

打开提示框,要求选择是否以只读方式打开工作簿,单击"否"按钮,即可打开工作簿,并对其进行编辑。

技巧秒杀

撤销工作簿的保护

打开"常规选项"对话框,在"文件共享"栏的两个文本框中删除已有的密码,撤销选中"建议只读"复选框,单击"确定"按钮,然后重新保存工作簿,即可撤销工作簿的密码保护。

4. 共享工作簿

在商务办公中，当工作簿中的数据信息量非常大时，可以通过共享的方式来实现多用户编辑。下面共享"来宾签到表.xlsx"工作簿，其具体操作步骤如下。

STEP 1 选择共享工作簿

在【审阅】/【更改】组中单击"共享工作簿"按钮。

STEP 2 设置共享

❶打开"共享工作簿"对话框，在"编辑"选

项卡中单击选中"允许多用户同时编辑，同时允许工作簿合并"复选框；❷单击"确定"按钮；❸在打开的提示框中单击"确定"按钮。

STEP 3 完成共享设置

完成共享设置后，工作簿在标题栏中将会显示"[共享]"字样。

1.1.2 工作表的基本操作

工作表存储在工作簿中，是用于显示和分析数据的工作场所。工作表就是表格内容的载体，熟练掌握工作表的各项操作可以帮助用户轻松输入、编辑和管理数据。下面介绍工作表的一些基本操作。

微课：工作表的基本操作

1. 添加和删除工作表

在实际工作中有时可能需要用到更多的工作表，那么此时就需要在工作簿中添加新的工作表。而对于多余的工作表，则可以直接删除。下面在"来宾签到表.xlsx"工作簿中插入与删除工作表，其具体操作步骤如下。

STEP 1 添加工作表

在工作表标签栏中单击"新工作表"按钮。

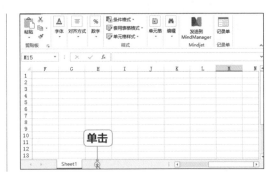

第
1
部
分

STEP 2　删除工作表

❶在新添加的"Sheet2"工作表标签上单击鼠标右键；❷在弹出的快捷菜单中选择"删除"命令，删除该工作表。

技巧秒杀

通过快捷菜单添加工作表

在任意一个工作表标签上单击鼠标右键，在弹出的快捷菜单中选择"插入"命令，打开"插入"对话框，单击"常用"选项卡，再在中间的列表框中选择"工作表"选项，最后单击"确定"按钮。

2. 在同一工作簿中移动或复制工作表

　　当需要在工作簿中添加或编辑较多的工作表时，就可能出现移动或复制的情况。下面在"来宾签到表.xlsx"工作簿中复制工作表，其具体操作步骤如下。

STEP 1　选择操作

❶在"Sheet1"工作表标签上单击鼠标右键；

❷在弹出的快捷菜单中选择"移动或复制"命令。

STEP 2　复制工作表

❶打开"移动或复制工作表"对话框，单击选中"建立副本"复选框；❷单击"确定"按钮。

STEP 3　完成工作表的复制操作

在"Sheet1"工作表左侧即可复制得到"Sheet1（2）"工作表。

技巧秒杀

快速移动或复制工作表

在同一个工作簿中移动或复制工作表时，在工作表标签上按住鼠标左键，将其拖动到其他位置，即可移动工作表；在拖动的同时按住【Ctrl】键，即可复制工作表。

3. 在不同工作簿中移动或复制工作表

在日常办公中，也存在需将一个工作簿中的工作表移动或复制到另一个工作簿中的情况。下面在不同的工作簿中移动或复制工作表，其具体操作步骤如下。

STEP 1　选择操作

❶打开"素材 .xlsx"工作簿，在"Sheet1"工作表标签上单击鼠标右键；❷在弹出的快捷菜单中选择"移动或复制"命令。

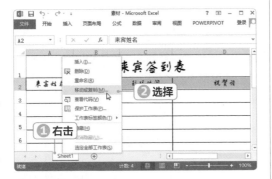

STEP 2　复制工作表

❶打开"移动或复制工作表"对话框，在"工作簿"下拉列表框中选择"来宾签到表 .xlsx"选项；❷单击选中"建立副本"复选框；❸单击"确定"按钮。

操作解谜

无法移动或复制工作表到其他工作簿

在不同的工作簿中移动或复制工作表时，需要将两个工作簿同时打开。否则，在"移动或复制工作表"对话框的"工作簿"下拉列表框中只会显示当前工作簿的名称，从而无法选择目标工作簿。

STEP 3　完成工作表的复制操作

此时，可看到"素材"工作簿中的"Sheet1"工作表的内容已复制到"来宾签到表"工作簿中。

技巧秒杀

移动和复制工作表的区别

无论是在同一个工作簿还是在不同的工作簿中，在"移动或复制工作表"对话框中单击选中"建立副本"复选框时，都将复制工作表；撤销选中该复选框，则将移动工作表。

4. 重命名工作表

工作表的命名方式默认为"Sheet1""Sheet2""Sheet3"…用户也可以自定义名称。下面为"来宾签到表 .xlsx"工作簿中的工作表命名，其具体操作步骤如下。

STEP 1　进入名称编辑状态

在"Sheet1（3）"工作表标签上双击，进入名称编辑状态，工作表名称呈灰色底纹显示。

第1部分

STEP 2 输入名称

输入"2017 年 1 月 1 日",按【Enter】键,即可为该工作表重新命名。

5. 设置工作表标签颜色

Excel 中默认的工作表标签颜色是相同的,为了区别工作簿中的各个工作表,除了可以对工作表进行重命名外,还可以为工作表的标签设置不同颜色加以区分。下面在"来宾签到表 .xlsx"工作簿中对工作表标签颜色进行更改,其具体操作步骤如下。

STEP 1 设置标签颜色

❶在"2017 年 1 月 1 日"工作表标签上单击鼠标右键;❷在弹出的快捷菜单中选择"工作表标签颜色"命令;❸在打开的子列表的"标准色"栏中选择"红色"选项。

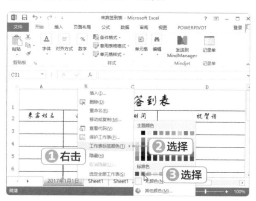

STEP 2 查看设置标签颜色后的效果

用同样的方法将"Sheet1"工作表标签设置为"黄色"后,查看工作表标签的颜色效果(通常当前工作表标签的颜色为较浅的渐变透明色,

其他工作表标签则是纯色颜色背景,这样可以方便用户查看和区分当前工作表)。

6. 隐藏与显示工作表

为了避免重要的工作表被任意查看和修改,可以将其隐藏,要查看的时候再将隐藏的工作表重新显示出来。下面在"来宾签到表 .xlsx"工作簿中隐藏与显示工作表,其具体操作步骤如下。

STEP 1 隐藏工作表

❶按住【Ctrl】键的同时选择"Sheet1"和"Sheet1(2)"工作表;❷在标签上单击鼠标右键;❸在弹出的快捷菜单中选择"隐藏"命令。

STEP 2 取消隐藏工作表

❶ Excel 将隐藏选择的两个工作表,在"2017 年 1 月 1 日"工作表标签上单击鼠标右键;❷在弹出的快捷菜单中选择"取消隐藏"命令。

STEP 3 选择需取消隐藏的工作表

❶打开"取消隐藏"对话框,在"取消隐藏工作表"列表框中选择"Sheet1"选项;❷单击"确定"按钮。

STEP 4 显示工作表

在工作簿中将显示"Sheet1"工作表。

技巧秒杀

单独隐藏行或列

如果只希望隐藏工作表中的某行或某列内容时,可选择要隐藏的行或列,然后在【开始】/【单元格】组中单击"格式"按钮,在打开的下拉列表中选择"隐藏或取消隐藏"选项,在打开的子列表中选择"隐藏行"或"隐藏列"选项,即可隐藏选择的整行或整列。

1.1.3 单元格的基本操作

为使制作的表格更加整洁美观,用户可对工作表中的单元格进行编辑整理。常用的操作包括插入与删除单元格、合并和拆分单元格以及调整合适的行高与列宽等,下面分别进行介绍。

微课:单元格的基本操作

1. 插入与删除单元格

在对工作表进行编辑时,通常会涉及插入与删除单元格的操作。下面在"来宾签到表 .xlsx"工作簿中插入与删除单元格,其具体操作步骤如下。

STEP 1 选择操作

❶在"2017 年 1 月 1 日"工作表中的 B2 单元格中单击鼠标右键;❷在弹出的快捷菜单中选择"插入"命令。

元格中单击鼠标右键；❸在弹出的快捷菜单中
选择"删除"命令。

技巧秒杀

单元格的命名

单元格的行号用阿拉伯数字标识，列标用
大写英文字母标识。如位于A列1行的单元
格可表示为A1单元格；A2单元格与C5单元
格之间连续的单元格可表示为A2:C5单元格
区域。

STEP 2　插入整行单元格

❶打开"插入"对话框，在"插入"栏中单击
选中"整行"单选项；❷单击"确定"按钮，
在 B2 单元格上方插入一行单元格。

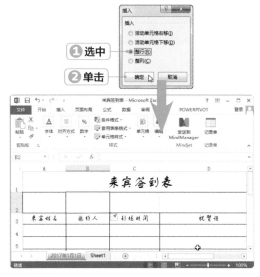

STEP 3　选择需删除的单元格

❶在 E2 单元格中输入文本内容；❷在 D3 单

STEP 4　删除单元格

❶打开"删除"对话框，在"删除"栏中单击
选中"整列"单选项；❷单击"确定"按钮，
删除 D 列的所有单元格。

操作解谜

清除单元格中的内容

选择单元格或单元格区域，单击鼠标
右键，在弹出的快捷菜单中选择"清除内
容"命令，或者按【Delete】键，即可删除
单元格中的数据，而不会影响单元格的格式
和单元格自身。

11

2. 合并和拆分单元格

在编辑工作表时，如果一个单元格中输入的内容过多（如工作表名称），在显示时可能会占用几个单元格的位置，这时可以将几个单元格合并成一个单元格，用于完全显示单元格中的内容。当然合并后的单元格也可以取消合并，即拆分单元格。下面在"来宾签到表.xlsx"工作簿中合并单元格，其具体操作步骤如下。

STEP 1　合并单元格

❶选择 A2:D2 单元格区域；❷在【开始】/【对齐方式】组中单击"合并后居中"按钮。

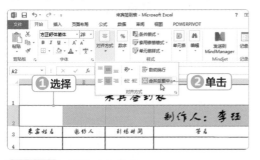

STEP 2　设置对齐方式

在【开始】/【对齐方式】组中单击"右对齐"按钮，使单元格中的文本靠右对齐。

技巧秒杀

拆分单元格

选择单元格，在【开始】/【对齐方式】组中单击"合并后居中"按钮右侧的下拉按钮，在打开的下拉列表中选择"取消单元格合并"选项。

3. 调整单元格的行高和列宽

当工作表中的行高或列宽不合理时，将直接影响到单元格中数据的显示，此时需要对行高和列宽进行调整。下面在"来宾签到表.xlsx"工作簿中设置行高，其具体操作步骤如下。

STEP 1　选择"行高"选项

❶选择 A3:D18 单元格区域；❷在【开始】/【单元格】组中单击"格式"按钮；❸在打开的下拉列表的"单元格大小"栏中选择"行高"选项。

STEP 2　设置行高

❶打开"行高"对话框，在"行高"文本框中输入"28"；❷单击"确定"按钮。

技巧秒杀

自动调整行高和列宽

选择单元格区域，在【开始】/【单元格】组中单击"格式"按钮，在打开的下拉列表的"单元格大小"栏中选择"自动调整行高"或"自动调整列宽"选项，系统将根据单元格中数据的显示情况自动调整适合的行高或列宽。

1.2 创建"来访登记表"

小姚公司所在的商务楼最近频繁发生物品丢失的情况，上级领导为了公司安全，要求小姚重新对"来访登记表"进行编制，避免不法分子混进公司行窃。小姚认真查看了公司以前所做的"来访登记表"后，决定对该工作表进行改良，使其内容更加完善、严谨。改良内容主要包括来访和离开时间的严格记录、来访者所拜访的人和事由等。

1.2.1 数据的输入

在 Excel 中普通数据类型包括一般数字、数值、分数、中文文本以及货币等。在默认情况下，输入数字数据后单元格数据将呈右对齐方式显示，输入文本后将呈左对齐方式显示。下面介绍在表格中输入数据的方法。

微课：数据的输入

1. 输入一般数据

选择或单击单元格后即可输入数据。下面在"来访登记表 .xlsx"工作簿中输入数据，其具体操作步骤如下。

STEP 1　选择单元格

❶新建一个名为"来访登记表 .xlsx"的空白工作簿，然后将"Sheet1"工作表重命名为"记录员 - 王敏"；❷单击选择 A1 单元格。

STEP 2　输入文本和数字

❶在 A1 单元格中输入"来访登记表"文本，并在每个汉字之间添加一个空格，按【Enter】键确认输入；❷在 J2 单元格中输入"2017 年"；❸依次在 A3:J3 单元格区域中输入各表头文本。

STEP 3　继续输入数据

继续输入具体的来访日期、来访人姓名、来访人单位、来访事由和拜访部门（人）等相关数据记录。

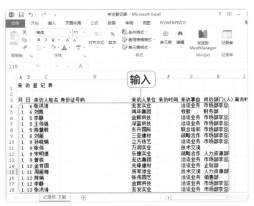

第 1 部分

2. 输入特殊字符

在单元格中输入普通数据很简单，但当需要输入一些特殊字符，如身份证号码时，就需要采用特殊的输入方式，或对单元格的数据类型进行设置。下面在"来访登记表.xlsx"工作簿中输入身份证号码，其具体操作步骤如下。

STEP 1　输入半角的引号

❶单击 D4 单元格；❷在编辑栏中输入半角状态下的引号"'"。

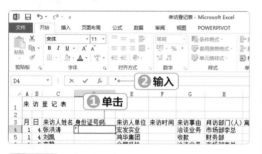

STEP 2　输入身份证号码

继续在编辑栏中输入身份证号码后，按【Enter】键，跳转至 D5 单元格。

操作解谜

编辑栏的作用

编辑栏中的数据内容与单元格中的数据内容是完全一致的，但是编辑栏的区域较大，能够容纳大量的数据内容。相比之下，单元格的空间就狭小一些，当编辑较多的数据内容时不方便查看。因此，对于包含大量数据内容的单元格，一般选择在编辑栏中进行编辑。

STEP 3　输入剩余身份证号码

按照相同的方法继续在剩余的单元格中输入相应的身份证号码。

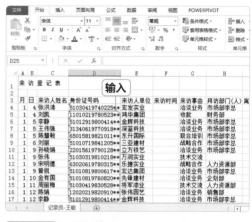

STEP 4　调整列宽

将鼠标光标停留在列标 D 和 E 的交接处，当鼠标光标变为 ✛ 字形时，按住鼠标左键不放向右拖动至宽度为 26.63 时，释放鼠标即可扩大列宽，使单元格中的数据全部显示。

3. 输入规定数据

在输入大量的 Excel 数据时难免会出差错，如果能够避免这些错误，将大大节省反复检查的时间。下面在"来访登记表 .xlsx"工作簿中输入规定的数据，其具体操作步骤如下。

STEP 1 验证数据

❶选择 F4:F23 单元格区域；❷在【数据】/【数据工具】组中单击"数据验证"按钮。

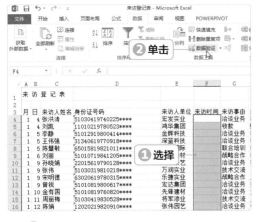

操作解谜

了解数据验证规则

数据有效性功能可以在尚未输入数据时预先设置，使用条件验证限制数据输入范围，以保证输入数据的正确性。另外，出错警告和输入信息的内容都是对验证内容进行提示，一个是错误的提示，另一个是正确的提示，两者的设置方法基本相同。

STEP 2 设置验证条件

❶打开"数据验证"对话框，单击"设置"选项卡，在"验证条件"栏的"允许"下拉列表中选择"时间"选项；❷在"数据"下拉列表中选择"介于"选项；❸在"开始时间"数值框中输入"9:00"；❹在"结束时间"数值框中输入"17:00"。

STEP 3 设置出错警告

❶单击"出错警告"选项卡；❷在"样式"下拉列表中选择"停止"选项；❸在"标题"文本框中输入"时间错误"；❹在"错误信息"文本框中输入"来访时间仅限于工作时间"；❺单击"确定"按钮。

STEP 4 查看数据验证效果

❶返回 Excel 工作界面，在工作表中选择 F4单元格；❷输入"23:00"，按【Enter】键；❸打开提示框，提示"来访时间仅限于工作时间"，单击"重试"按钮。

STEP 5　输入正确的数据

❶重新在 F4 单元格中输入正确的时间后，按【Enter】键；❷继续输入剩余的来访时间。

STEP 6　输入离去时间

选择 I4:I23 单元格区域后，在其中分别输入对应的离去时间。

STEP 7　设置数据验证条件

❶选择 J4:J23 单元格区域；❷打开"数据验证"对话框，在"设置"选项卡中将验证条件设置为"介于 1~5 之间的整数，包括 1 和 5"；❸单击"确定"按钮。

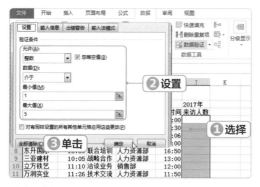

STEP 8　输入数据

❶返回 Excel 工作界面，在工作表中选择 J4 单元格后，输入"0"，按【Enter】键；❷打开提示框，单击"取消"按钮。

STEP 9　输入正确数据

重新在 J4 单元格中输入 1~5 之间的数据"2"后，按【Enter】键完成数据的输入。

操作解谜

输入特殊符号

在表格中有时需要插入特殊符号来标明单元格中数据的性质，比如版权符号、商标符号和段落标记等，但在键盘上又没有相应的符号键，此时可单击【插入】/【符号】组中的"符号"按钮，在打开的"插入"对话框中选择所需的特殊符号。

第 1 部 分

1.2.2 数据的填充

微课：数据的填充

在制作工作簿时有时需要输入一些相同或有规律的数据，如商品编码、学生学号等。手动输入这些数据不仅浪费工作时间，而且容易因视觉疲劳而产生错误，为此，Excel 专门提供了快速填充数据的功能，可以大大提高输入数据的准确性和工作效率。

1. 自动填充

在制作表格时，对于相同的数据或文本、日期、时间等，都可通过 Excel 的自动填充功能实现快速输入。下面在"来访登记表 .xlsx"工作簿中自动填充来访人数，其具体操作步骤如下。

STEP 1 输入起始数据

选择 J5 单元格，在其中输入"2"。

STEP 2 自动填充数据

将鼠标光标移动到 J5 单元格右下角，当其变成黑色十字形状时，按住鼠标左键向下拖动至 J20 单元格后释放鼠标，即可完成为 J6:J20 单元格区域快速填充数据。

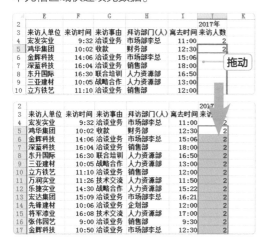

技巧秒杀

快速填充相同的数据

如果起始单元格中是数字和字母的组合，进行填充时，需要单击"自动填充选项"按钮，在打开的下拉列表中单击选中"复制单元格"单选项，才能在其他单元格中填充与起始单元格中同样的数据。

2. 序列填充

在 Excel 中，可以很轻松地自动输入 1、2…，甲、乙……，中文月份，英文月份，中文星期，英文星期等。下面在"来访登记表 .xlsx"工作簿中按序列方式填充数据，其具体操作步骤如下。

STEP 1 选择序列选项

❶选择 J20:J23 单元格区域；❷在【开始】/【编辑】组中单击"填充"按钮；❸在打开的下拉列表中选择"序列"选项。

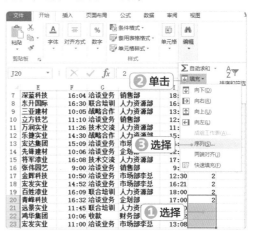

STEP 2 设置序列值

❶打开"序列"对话框，在"序列产生在"栏中单击选中"列"单选项；❷在"类型"栏中选择要填充的类型，这里单击选中"等差序列"单选项；❸在"步长值"文本框中输入"1"；❹在"终止值"文本框中输入"5"；❺单击"确定"按钮。

STEP 3 查看填充效果

此时，J20:J23 单元格区域中自动填充了设置的等差序列。

技巧秒杀

利用【Ctrl】键填充序列

在填充数值时，可将鼠标光标移至初始数据所在单元格的右下角，当其变成黑色十字形状时，在按住【Ctrl】键的同时，按住鼠标左键不放拖动至目标单元格后释放鼠标，即可填充有规律的数据。

3. 右键填充

利用鼠标右键进行快速填充与自动填充方式类似。下面在"来访登记表 .xlsx"工作簿中利用右键来填充数据，其具体操作步骤如下。

STEP 1 右键复制数据

❶选择 H6 单元格；❷将鼠标光标移到该单元格的右下角，当鼠标光标变为十字形状时，按住鼠标右键不放，移动至 H11 单元格后释放鼠标；❸在弹出的快捷菜单中选择"复制单元格"命令。

STEP 2 查看复制效果

此时，H7:H11 单元格区域全部填充了相同数据"市场部李总"。

操作解谜

默认的填充数据的方式

若起始单元格中的数据没有明显的编号特征，那么在拖动填充柄时，Excel 会自动将起始单元格中的数据复制到其他单元格中。如果希望选择其他填充方式，则单击右下角的"自动填充选项"按钮，在打开的下拉列表中选择所需的填充方式即可。

1.2.3 数据的编辑

在输入数据的过程中，如果出现输入错误的情况，则需要对错误的数据进行修改，也就是数据编辑。当然，数据的编辑不仅是对错误的数据进行修改这么简单，还包括数据的移动与复制、查找与替换等。

微课：数据的编辑

1. 通过单元格修改数据

在输入数据时，难免会输入错误的数据信息，在发现错误数据后就需要对其进行修改。修改表格数据通常在单元格中进行。下面在"来访登记表 .xlsx"工作簿中修改数据，其具体操作步骤如下。

STEP 1 选择数据

❶双击需要修改数据的单元格 E11；❷将文本插入点定位到单元格中，然后按住鼠标左键不放，拖动鼠标选择要修改的文本。

STEP 2 修改数据

输入正确文本"集团"后，按【Enter】键确认修改。

技巧秒杀

在编辑栏中修改数据

当单元格中的文本内容较长时，应在编辑栏中修改。修改方法与在单元格中修改数据相似，将鼠标光标定位到编辑栏中，然后修改错误数据即可。

2. 通过记录单修改数据

如果工作表的数据量巨大，工作表的长度、宽度也会非常庞大，这样输入数据时就需要将很多宝贵的时间用在来回切换行、列的位置上，甚至还容易出现错误。此时可通过 Excel 的"记录单"功能，在打开的"记录单"对话框中批量编辑数据，而不用在长表格中编辑数据。下面在"来访登记表 .xlsx"工作簿中利用记录单修改数据，其具体操作步骤如下。

STEP 1 选择数据区域

❶选择 C3:J23 单元格区域；❷在【开始】/【记录单】组中单击"记录单"按钮。

STEP 2 修改数据

❶打开"记录员－王敏"对话框，拖动滑块到第 10 个记录；❷将"来访时间"文本框中的文本修改为"16:00"；❸将"来访事由"文本框中的文本修改为"签订合同"；❹单击"关闭"按钮。

STEP 3　查看修改后的效果

返回 Excel 工作界面，在第 13 行中即可看到修改后的数据。

张伟	51030319810218****	万洞集团	11:26	技术交流	市场部李总
宋明捷	63020619780315****	乐捷合作	14:30	战略合作	人力资源部
曾锐	51010810800617****	宏达集团	16:00	签订合同	市场部李总
金有国	51010819760820****	先锋建材	10:06	洽谈业务	企划部
周丽梅	51030419830528****	将军漆业	16:08	技术交流	人力资源部
陈娟	12020219820910****	张伟园艺	9:00	洽谈业务	销售部
李静	51012919800414****	金辉科技	10:50	洽谈业务	市场部李总
张洪涛	51030419740225****	宏发实业	14:52	洽谈业务	市场部李总
赵伟伟	42022219800720****	百姓漆业	16:09	联合培训	人力资源部
何晓霞	24010219840503****	青峰科技	16:32	洽谈业务	企划部
谢东升	51012919800308****	远景实业	11:45	联合培训	人力资源部
刘飒	11010219780523****	鸿华集团	10:06	收款	财务部

操作解谜

Excel 中找不到"记录单"按钮

　　Excel工作界面中默认不显示"记录单"按钮，需要手动添加。其方法为：在工作界面选择【文件】/【选项】命令，打开"Excel 选项"对话框，在左侧窗格中选择"自定义功能区"选项，在右侧的"从下列位置选择命令"下拉列表框中选择"不在功能区的命令"选项，在下方的列表框中选择"记录单"选项，然后在"自定义功能区"的列表框中选择"开始"选项，然后单击"添加"按钮，再单击"确定"按钮。

3. 查找和替换数据

　　当需要对某些特定的数据进行查找和替换时，可使用 Excel 的查找和替换功能快速查找错误数据，并将其替换为正确数据。下面在"来访登记表 .xlsx"工作簿中替换"陈娟"的姓名，其具体操作步骤如下。

STEP 1　选择选项

❶单击【开始】/【编辑】组中的"查找和选择"按钮；❷在打开的下拉列表中选择"查找"选项。

STEP 2　查找数据

❶打开"查找和替换"对话框，在"查找"选项卡的"查找内容"文本框中输入"陈娟"；❷单击"查找全部"按钮，在"查找和替换"对话框下方的列表框中将显示当前工作表中所有符合条件的单元格。

STEP 3　替换数据

❶单击"替换"选项卡；❷在"替换为"下拉列表框中输入需替换为的数据"陈敏娟"；❸单击"全部替换"按钮；❹在打开的提示框中将显示已替换的数据，单击"确定"按钮确认替换；❺单击"查找和替换"对话框中的"关闭"按钮。

STEP 4　查看替换效果

返回工作表中即可看到数据替换后的效果。

14	金有国	51010819760820****	先锋建材	10:06	洽谈业务
15	周丽梅	51030419830528****	将军漆业	16:08	技术交流
16	陈敏娟	12020219820910****	张伟园艺	9:00	洽谈业务
17	李静	51012919800414****	金辉科技	10:50	洽谈业务
18	张洪涛	51030419740225****	宏发实业	14:52	洽谈业务
19	赵伟伟	42022219800720****	百姓漆业	16:09	联合培训
20	何晓霞	24010219840503****	青峰科技	16:32	洽谈业务
21	谢东升	51012919800308****	远景实业	11:45	联合培训

第 1 部分

4. 删除数据

当表格中的数据输入有误时，可对其进行修改。同样，当表格中出现多余的数据或错误数据时，也可将其删除。下面在"来访登记表.xlsx"工作簿中将多余的文本删除，其具体操作步骤如下。

STEP 1　定位插入点

❶选择 H4 单元格；❷将光标插入点定位到编辑栏中文本"总"字的右侧。

STEP 2　删除部分数据

按两次键盘上的【Backspace】键，删除文本"李总"，然后按【Enter】键确认删除操作。

操作解谜

恢复数据

在删除数据时，如果执行了误操作，可以按【Ctrl+Z】组合键，或单击"自定义快速访问工具栏"中的"撤销"按钮，取消最近一次对工作表的操作。

STEP 3　删除全部数据

选择 H11 单元格后，直接按【Delete】键，即可删除所选单元格中的全部内容。

技巧秒杀

通过右键菜单删除数据

在工作表中的单元格或单元格区域上单击鼠标右键，在弹出的快捷菜单中选择"清除内容"命令，也可以删除相应数据。

1.3　美化"值班记录表"

公司为加强对员工值班的管理，让小姚制作了一份值班记录表，以便于监督值班人员履行职责，并将值班过程中发生的事项登记在案，备日后存档检查和落实责任。该工作表内容还算合理，但整体看起来过于简单，领导要求小姚重新设计表格并适当美化后，再交于行政部门投入使用。

1.3.1　美化数据

用 Excel 制作的表格有时需要打印出来交上级部门审阅，这就要求表格不仅要内容详实，而且要页面美观，因此需要对表格进行美化操作，对单元格的样式、表格的主题和样式等进行设置，使表格的版面美观、数据清晰。

微课：美化数据

1. 套用内置样式

　　表格样式是指一组特定单元格格式的组合，使用表格样式可以快速对应用相同样式的单元格进行格式化，从而提高工作效率并使工作表格式规范统一。下面为"值班记录表.xlsx"工作簿应用样式，其具体操作步骤如下。

STEP 1　选择表格样式

❶在工作表中选择 A2:F18 单元格区域；❷在【开始】/【样式】组中单击"套用表格格式"按钮；❸在打开的下拉列表框中选择"浅色"栏的"表样式浅色 5"选项。

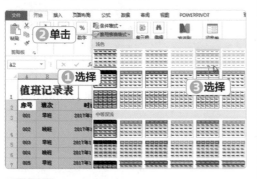

STEP 2　确认表格区域

❶打开"套用表格式"对话框，在"表数据的来源"文本框中确认表格的区域，单击选中"表包含标题"复选框；❷单击"确定"按钮。

操作解谜

选择单元格区域

　　在套用表格样式时，可以不选择单元格，而是在打开工作簿后直接单击"套用表格格式"按钮，在打开的下拉列表中选择所需样式后打开"套用表格式"对话框，然后在工作表中拖动鼠标选择应用样式的单元格区域。

STEP 3　查看套用样式后的效果

返回 Excel 工作界面，即可查看套用表格样式的效果。

值班记录表				
序号	班次	时间	内容	处理情况
001	早班	2017年1月9日	-	-
002	晚班	2017年1月9日	凌晨3点，厂房后门出现异听声监视器中无异常，应	
003	早班	2017年1月10日	-	-
004	晚班	2017年1月10日	-	-
005	早班	2017年1月11日	-	-
006	晚班	2017年1月11日	-	-
007	早班	2017年1月12日	-	-
008	晚班	2017年1月12日	-	-
009	早班	2017年1月13日	-	-

2. 设置表格主题

　　Excel 2013 为用户提供了多种风格的表格主题，用户可以直接套用主题来快速改变表格的样式，也可以对主题颜色、字体和效果进行自定义修改。下面为"值班记录表.xlsx"工作簿应用表格主题，其具体操作步骤如下。

STEP 1　选择主题样式

❶在工作表中选择 A2:F18 单元格区域；❷在【页面布局】/【主题】组中单击"主题"按钮；❸在打开的下拉列表的"Office"栏中选择"回顾"选项。

STEP 2　修改主题颜色

❶在【页面布局】/【主题】组中单击"颜色"按钮；❷在打开的下拉列表的"Office"栏中选择"蓝绿"选项。

STEP 3　查看修改主题颜色后的效果

返回 Excel 工作界面，即可看到所选区域的颜色、字体都发生了变化。

3. 应用单元格样式

　　Excel 2013 不仅能为表格设置整体样式，而且能为单元格或单元格区域应用样式。下面在"值班记录表.xlsx"工作簿中应用单元格样式，其具体操作步骤如下。

STEP 1　选择操作

❶选择 A1 单元格；❷在【开始】/【样式】组中单击"单元格样式"按钮；❸在打开的下拉列表中选择"新建单元格样式"选项。

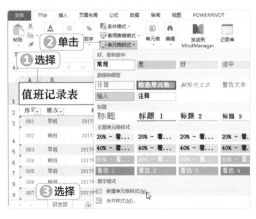

技巧秒杀

去掉表格标题行中的下拉按钮

　　为表格区域套用表格样式后，默认将在表格标题字段中添加"筛选"样式，也就是显示下拉按钮。如果要删除这些下拉按钮，只需要在打开的"套用表格式"对话框中撤销选中"表包含标题"复选框即可。

STEP 2　新建单元格样式

❶打开"样式"对话框，在"样式名"文本框中输入"新标题"；❷单击"格式"按钮。

STEP 3　设置单元格格式

❶打开"设置单元格格式"对话框，单击"字体"选项卡；❷在"字体"列表框中选择"微软雅黑"选项；❸在"字号"列表框中选择"28"选项；❹在"字形"列表框中选择"加粗"选项；❺单击"确定"按钮。

STEP 4 应用单元格样式

❶返回"样式"对话框，单击"确定"按钮，返回 Excel 工作界面，再次单击"单元格样式"按钮；❷在打开的下拉列表的"自定义"栏中选择"新标题"选项，为单元格应用样式。

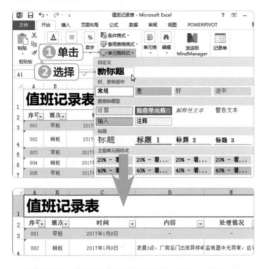

4. 添加边框

Excel 中的单元格是为了方便存放数据而设计的，在打印时并不会将单元格打印出来。如果要将单元格和数据一起打印出来，可为单元格设置边框样式，同时让单元格或单元格区域变得更美观。下面在"值班记录表 .xlsx"工作簿中设置表格边框，其具体操作步骤如下。

STEP 1 设置边框

❶在工作表中选择 A1:F18 单元格区域；❷在【开始】/【字体】组中单击"其他边框"按钮右侧的下拉按钮；❸在打开的下拉列表中选择"其他边框"选项。

STEP 2 设置边框颜色

❶打开"设置单元格格式"对话框，单击"边框"选项卡，在"线条"栏中单击"颜色"下拉列表框右侧的下拉按钮；❷在打开的下拉列表的"标准色"栏中选择"绿色"选项。

STEP 3 设置边框样式

❶在"线条"栏的"样式"列表框中选择右侧最下方的一个线条样式；❷在"预置"栏中单击"外边框"按钮；❸继续在"线条"栏的"样式"列表框中选择左侧第 4 种线条样式；❹在"预置"栏中单击"内部"按钮；❺单击"确定"按钮。

STEP 4 查看设置的边框效果

返回 Excel 工作界面，即可查看设置了边框的表格效果。

5. 填充单元格

在办公表格中为单元格填充适当的效果会使表格更加"活泼"、更加美观、更加具有感染力。下面在"值班记录表.xlsx"工作簿中为单元格填充颜色，其具体操作步骤如下。

STEP 1　选择填充颜色

❶在工作表中选择 A1 单元格；❷在【开始】/【字体】组中单击"填充颜色"按钮右侧的下拉按钮；❸在打开的下拉列表中选择"其他颜色"选项。

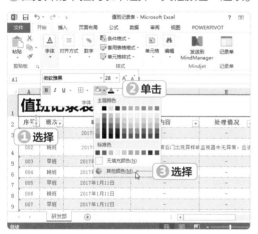

STEP 2　自定义填充颜色

❶打开"颜色"对话框，单击"自定义"选项卡；❷分别在"红色""绿色""蓝色"数值框中输入"14""194""14"；❸单击"确定"按钮。

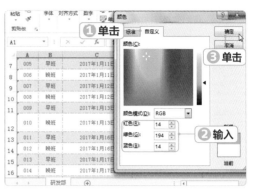

STEP 3　查看填充效果

返回 Excel 工作界面，即可看到 A1 单元格填充颜色后的效果。

6. 设置表格背景

在 Excel 中还可以为工作表设置背景，背景可以是纯色或图片，一般情况下工作表背景不会被打印出来，只是起到美化工作表的作用。下面在"值班记录表.xlsx"工作簿中设置背景图片，其具体操作步骤如下。

STEP 1　设置页面背景

在【页面布局】/【页面设置】组中单击"背景"按钮。

STEP 2 插入图片

打开"插入图片"提示框,选择"来自文件"选项。

STEP 3 选择图片

❶打开"工作表背景"对话框,选择图片位置;
❷选择"背景图片.jpg"图片;❸单击"插入"
按钮。

STEP 4 查看添加背景后的效果

返回 Excel 工作界面,即可查看设置了背景的

表格效果。

技巧秒杀

设置纯色背景

单击全部选择按钮,选择整个表格,在
【开始】/【字体】组中单击"填充颜色"
按钮右侧的下拉按钮,在打开的下拉列表
中选择一种颜色即可设置纯色背景。

技巧秒杀

删除背景图片

在【页面布局】/【页面设置】组中单击
"删除背景"按钮即可删除背景图片。

1.3.2 设置数据格式

设置数据格式是指对数据的字体、字号、颜色、对齐方式以及数字的各种类
型等属性进行设置。在 Excel 2013 中,可以通过"字体"组、"数字"组、"对
齐方式"组对数据格式进行相关操作。

微课:设置数据格式

1. 设置字体格式

在 Excel 中,用户可以对数据的字体、字号、
颜色、下划线、加粗以及倾斜等进行设置。下面
在"值班记录表 .xlsx"工作簿中设置字体、字号、
颜色等内容,其具体操作步骤如下。

STEP 1 设置字体

❶在工作表中选择 A2:F2 单元格区域;❷在
【开始】/【字体】组中单击"字体"下拉列表
框右侧的下拉按钮;❸在打开的下拉列表框中
选择"微软雅黑"选项。

中选择"黑色，文字 1"选项。

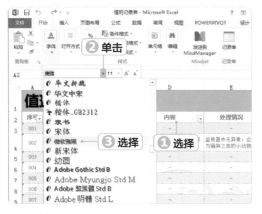

STEP 2　设置字号

❶在【开始】/【字体】组中单击"字号"下拉列表框右侧的下拉按钮；❷在打开的下拉列表框中选择"14"选项。

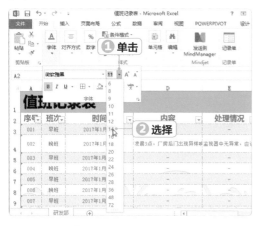

技巧秒杀

快速增大或缩小文字大小

在工作表中选择要设置的单元格后，单击【开始】/【字体】组中的"增大字号"按钮，可以快速将当前字号增加；反之，单击【开始】/【字体】组中的"减小字号"按钮，则可以快速将当前字号缩小。

STEP 3　设置字体颜色

❶在【开始】/【字体】组中单击"字体颜色"按钮右侧的下拉按钮；❷在打开的下拉列表框

STEP 4　设置字形

❶在工作表中选择 A3:F18 单元格区域；❷在【开始】/【字体】组中单击"加粗"按钮。

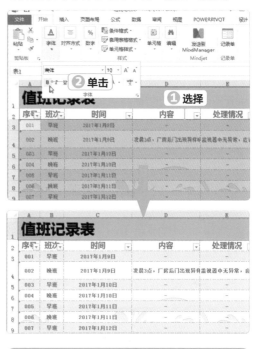

2．设置对齐方式

在 Excel 表格中，各种类型的数据默认的对齐方式不同，如数字默认右对齐、文本默认左对齐等。在制作或美化表格的过程中，可根据实际需要设置数据的对齐方式。下面在"值班记录表 .xlsx"工作簿中设置标题文本的对齐方式，其具体操作步骤如下。

STEP 1 设置对齐方式

❶在工作表中选择 A1 单元格；❷在【开始】/
【对齐方式】组中单击"居中"按钮。

STEP 2 自动换行

❶在工作表中选择 D4:E4 单元格区域；❷在
【开始】/【对齐方式】组中单击"自动换行"
按钮，将单元格中的文本全部显示出来。

STEP 3 复制格式

❶在工作表中选择 D4 单元格；❷在【开始】/
【剪贴板】组中单击"格式刷"按钮。

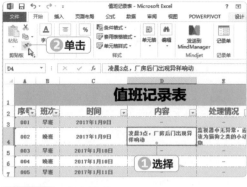

STEP 4 应用格式

此时，D4 单元格四周出现不断闪烁的虚线边框，
将鼠标光标移至 E12 单元格上后，单击鼠标应
用格式，E12 单元格中的内容将全部显示出来。

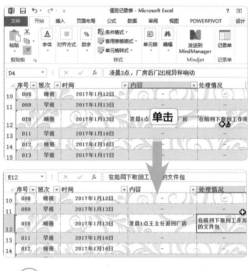

操作解谜

格式刷的妙用

　　格式刷最强大的功能就是可以快速复
制单元格样式，如果希望为多个单元格或单
元格区域设置相同的格式，可以双击【开
始】/【剪贴板】组中的"格式刷"按钮
后，依次在目标区域单击或拖动鼠标。完成
复制格式操作后，按【Esc】键退出格式刷
模式。

3. 设置数字类型

在 Excel 中常见的数据类型有文本类型、数字类型、日期类型以及百分比类型等，它们各自所使用的数据都不一样，如财务表格中常把数据类型设置为货币样式。下面在"值班记录表 .xlsx"工作簿中设置日期型数据，其具体操作步骤如下。

STEP 1　选择单元格区域

①在工作表中选择 C3:C18 单元格区域；②单击鼠标右键；③在弹出的快捷菜单中选择"设置单元格格式"命令。

STEP 2　设置日期类型

①打开"设置单元格格式"对话框，单击"数字"选项卡，在"分类"列表框中选择"日期"选项；②在"类型"列表框中选择"2012/3/14"选项；

③单击"确定"按钮。

STEP 3　查看设置效果

返回 Excel 工作界面，即可看到日期型数据显示后的效果。

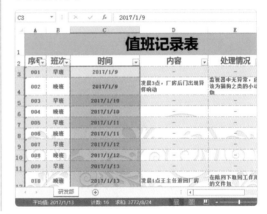

新手加油站 ——数据的编辑处理技巧

1. 在单元格中输入特殊数据

特殊数据与普通数据不同的是，特殊数据不能通过键盘直接输入，需要进行设置或简单处理后才能正确输入。如输入以 0 开头的数据、输入以 0 结尾的小数以及输入长数据等。

（1）输入以 0 开头的数据

默认情况下，在 Excel 中直接输入以"0"开始的数据，在单元格中不能正确显示，如输入"0101"，将显示为"101"。此时可以通过相应的设置避免类似情况的出现，使以"0"开头的数据完全显示出来。具体操作步骤为：首先选择要输入如"0101"类型数字的单元格，在【开始】/【数字】组中单击"功能扩展"按钮，打开"设置单元格格式"对话框，单击"数字"选项卡，在"分类"列表框中选择"文本"选项，然后单击"确定"按钮。再次输入如"0101"类型的数字时即可在单元格中正常显示，不过当选择该单元格时会出现一个黄色图标，单击该图标，在打开的下拉列表中选择"忽略错误"选项，可取消显示该图标。如果在打开的下拉列表中选择"替换为数字"选项，当输入"0101"类型数字时，在单元格中将以默认的数字格式"101"显示。

（2）输入以 0 结尾的小数

与输入以 0 开头的数据类似，默认情况下直接输入以"0"结尾的小数，在单元格中不能正确显示，如输入"100.00"，将显示为"100"。此时可以通过相应的设置避免类似情况的出现，使以 0 结尾的小数正确显示。具体操作步骤为：首先选择要输入如"100.00"类型数字的单元格，在【开始】/【数字】组中单击"功能扩展"按钮，打开"设置单元格格式"对话框，单击"数字"选项卡，在"分类"列表框中选择"数值"选项，然后在"小数位数"数值框中输入显示小数位数的个数，再单击"确定"按钮确认设置。再次输入如"100.00"类型的数字时，将会在单元格中正常显示。

（3）输入长数据

在 Excle 中能够正常显示 11 位数字，当输入超过 11 位的数据时，在单元格中将以科学计数法方式进行显示，如输入身份证号码"110125365487951236"，将显示为"1.10125E+17"。避免此类问题出现的方法为：在工作表中选择需要输入身份证号码的单元格或单元格区域，在其上单击鼠标右键，在弹出的快捷菜单中选择"设置单元格格式"命令，打开"设置单元格格式"对话框，单击"数字"选项卡，在"分类"列表框中选择"文本"选项，然后单击"确定"按钮。

2. 自定义数据显示格式的规则

在"设置单元格格式"对话框的"数字"选项卡中选择"自定义"选项，在"类型"列表框中显示了 Excel 内置的数字格式的代码，用户可在"类型"文本框中自定义数字显示格式。实际上，自定义数字格式代码并没有想象中那么复杂和困难，只要掌握了它的规则，就很容易通过格式代码来创建自定义数字格式。

自定义格式代码可以为 4 种类型的数值指定不同的格式，分别是正数、负数、零值和文本。在代码中，用分号";"来分隔不同的区段，每个区段的代码作用于不同类型的数值。完整格式代码的组成结构为"大于条件值"格式、"小于条件值"格式、"等于条件值"格式、文本格式。

在没有特别指定条件值时，默认的条件值为 0，因此，格式代码的组成结构也可视作正数格式、负数格式、零值格式、文本格式，即当输入正数时显示设置的正数格式，当输入负数时显示设置的负数格式，当输入"0"时显示设置的零值格式，当输入文本时显示设置的文本格式。

下面通过一段代码对数字的格式组成规则进行分析和讲解。

_ * #,##0.00_;_ * #,##0.00_;_ * "-"??_;_@_

　　其中，"_"表示用一个字符位置的空格来进行占位；"*"表示重复显示标志，"*'空格'"表示数字前空位用重复显示"空格"来填充，直至填充满整个单元格；"#,##0.00"表示数字显示格式；"??"表示用空白来显示数字前后的0值，即单元格为0值时，显示为"两个空白"；"@"表示输入文本。通过分析可得到结果：当输入正数时，如1111，则显示为1,111.00；当输入负数时，如-1111，则显示为1,1111.00；当输入0时，则显示为-；当输入字符时，如abc，则显示为 abc（前后各空一个空格位置）。

3. 在多个单元格中输入相同数据

　　如果需要在多个单元格中输入相同的数据，采用直接输入的方法效率比较低，此时可以采用批量输入的方法：首先选择需要输入数据的单元格或单元格区域，如果需输入数据的单元格中有不相邻的，可以按住【Ctrl】键逐一进行选择，然后单击编辑栏在其中输入数据，完成输入后按【Ctrl+Enter】组合键，数据就会被填充到所有选择的单元格中。

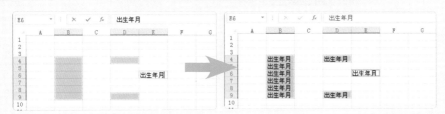

4. 在多个工作表中输入相同数据

　　当需要在多张工作表中输入相同数据时，可通过下面的方法进行输入，以减少反复的操作。首先选择需要填充相同数据的工作表，先单击第一张工作表标签，然后按住【Shift】键单击最后一张工作表标签，选择多张相邻的工作表；如果要选择多张不相邻的工作表，则可先单击第一张工作表标签，然后按住【Ctrl】键再单击要选择的其他工作表标签。完成工作表的选择后，在已选择的任意一张工作表内输入数据，则所有被选择的工作表的相同单元格均会自动输入相同的数据。

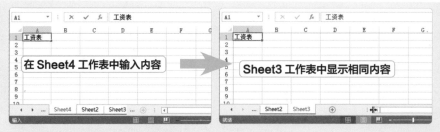

5. 为单元格填充底纹和渐变色

在美化 Excel 表格时，除可以为单元格填充不同的基本色调外，还可以为单元格填充底纹和渐变色，具体操作步骤如下。

❶ 在工作表中选择要设置的单元格或单元格区域，单击鼠标右键，在弹出的快捷菜单中选择"设置单格格式"命令。

❷ 打开"设置单元格格式"对话框，单击"填充"选项卡，然后单击"图案样式"列表框右侧的下拉按钮，在打开的下拉列表中选择所需底纹样式。

❸ 如果希望进一步设置渐变填充效果，还可以单击"填充效果"按钮，打开"填充效果"对话框，在"渐变"选项卡中单击选中"双色"单选项进行渐变，同时，还可以选择渐变样式和方向，最后依次单击"确定"按钮完成设置。

6. 清除表格格式

在编辑表格时，直接按【Delete】键可以快速清除单元格中的内容，但是对于应用了多种样式的单元格来说，按【Delete】键仅仅是清除了内容，单元格的样式仍然是存在的。如果希望将单元格中的样式和内容一并清除，则需在【开始】/【编辑】组中单击"清除"按钮，在打开的下拉列表中选择"全部清除"选项；如果只希望清除格式而保留内容，则选择"清除格式"选项。

7. 利用【Shift】键快速移动整行或整列数据

在工作表中移动整行或整列数据时，大多数用户采用的方法是先插入一个空白行或列，

第 1 部分

再剪切要移动的数据，并将其粘贴到空白行或列处。该方法不仅不方便操作，而且容易出错。利用【Shift】键即可快速移动整行或整列数据。下面以移动整列为例进行介绍，其方法为：选择需要移动的整列，将鼠标光标移至该列某一侧的边缘处，当鼠标光标将变成形状时，按住【Shift】键不放，拖动鼠标至目标位置，光标处将显示"A:A"字样，表示插入 A 列，先松开鼠标，再释放【Shift】键，便可完成该列数据的移动。用同样的方法可进行某一行数据的移动操作。

8. 设置自动输入小数点与零

Excel 具有自动输入固定位数的小数点或固定个数的零的功能，具体操作步骤如下。

❶ 选择【文件】/【选项】命令。

❷ 打开"Excel 选项"对话框，选择"高级"选项，在"编辑选项"栏中单击选中"自动插入小数点"复选框。

❸ 在"位数"数值框中输入小数点保留的有效数字的位数（如"2"）；如果需要在输入的数字后面自动填充零，应该在"位数"数值中输入减号和零的个数（如"-2"）。如果采用的是前一种操作，在单元格中输入 1 后将自动显示为 0.01；如果采用的是后一种操作，则在单元格中输入 1 后将自动显示为 100。

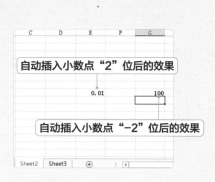

9. 绘制斜线表头

Excel 中一般将表格的第一个单元格作为表头。有时需要为第一个单元格绘制一个斜线表头，以表示该单元格行和列中所表达的不同内容。其方法为：选择 A1 单元格，在其上单击鼠标右键，在弹出的快捷菜单中选择"设置单元格格式"命令，在打开的"设置单元格格式"对话框中单击"对齐"选项卡，在"垂直对齐"下拉列表中选择"靠上"选项，在"文本控制"栏中单击选中"自动换行"复选框，单击"边框"选项卡，在"预置"栏中选择"外边框"选项，在"边框"栏中单击"向右倾斜斜线"按钮，单击"确定"按钮关闭对话框。双击 A1 单元格，进入编辑状态，输入文本如"项目"和"月份"，将鼠标光标定位到"项"字前面，连续按【Space】键，使这 4 个字向后移动，由于该单元格文本控制设置为自动换行，所以当月份两字超过单元格时，将自动切换到下一行。

高手竞技场 ——*数据的编辑处理练习*

1. 制作"客户资料管理表"工作簿

新建一个"客户资料管理表 .xlsx"工作簿，对表格进行编辑，要求如下。

● 新建工作簿，对工作表进行命名。

● 在表格中输入并编辑数据，包括利用快速填充数据、调整列宽和行高、合并单元格等。

● 美化单元格，设置单元格的对齐方式，设置边框，为表格添加渐变背景。

客户资料管理表						
公司名称	公司性质	主要负责人姓名	电话	注册资金（万元）	与本公司第一次合作时间	合同金额（万元）
豪来到饭店	私营	李先生	8967****	¥20	二○○○年六月一日	¥10
花涓坊酒楼	私营	姚女士	8875****	¥50	二○○○年七月一日	¥15
有间酒家	私营	刘经理	8777****	¥150	二○○○年八月一日	¥20
哞哞小肥牛	私营	王小姐	8988****	¥100	二○○○年九月一日	¥10
松柏餐厅	私营	蒋先生	8662****	¥50	二○○○年十月一日	¥20
吃八方餐厅	私营	胡先生	8875****	¥50	二○○○年十一月一日	¥30
吃到饱饭庄	私营	方女士	8966****	¥100	二○○○年十二月一日	¥10
博莉嘉餐厅	私营	袁经理	8325****	¥50	二○○一年一月一日	¥15
蒙托亚酒店	私营	吴小姐	8663****	¥100	二○○一年二月一日	¥20
木鱼石菜馆	私营	杜先生	8456****	¥200	二○○一年三月一日	¥30

2. 制作"材料领用明细表"工作簿

新建一个"材料领用明细表 .xlsx"工作簿，对表格进行编辑，要求如下。

● 新建工作簿，输入表格数据，合并单元格，调整行高和列宽。

● 为表格应用单元格格式，并设置边框和单元格底纹（注意：这里设置单元格底纹有两种方法，一种是设置单元格样式，另一种是设置单元格的填充颜色）。

● 将工作簿的打开密码和修改密码均设置为"123"。

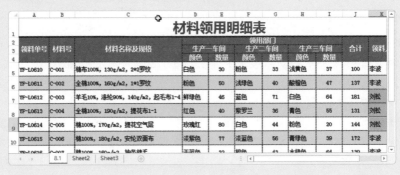

第1部分

第2章

数据的显示与输出

/ 本章导读

使用 Excel 制作表格时，除要对数据进行美化和设置外，有时还需要对数据表中的特殊文字或数据进行突出显示，以便查阅。本章将利用 Excel 的条件格式功能对数据进行格式标识。此外，还将对最终完成的表格以打印、另存为模板、另存为 PDF 格式、邮件形式发送等方式进行输出显示。

2.1 编辑"销售统计表"

销售统计表顾名思义就是对产品的销售情况进行总括统计的表格，主要内容一般包括产品名称、编号、单价、销售量以及销售额等。在销售统计表中，可以清楚地查看每种产品的基本情况以及销售数据，为了区分数据，还可以对销售额较大的产品进行标识，以便后期进行绩效统计。下面通过编辑"销售统计表 .xlsx"工作簿，了解突出显示数据与按规定显示数据的基本操作。

2.1.1 突出显示数据

突出显示数据是指利用 Excel 所具备的条件格式功能，为某些符合条件的单元格应用某种特殊格式，例如单元格底纹或字体颜色等。突出显示数据操作包括通过色阶、图标集、数据条等显示数据，下面进行详细介绍。

微课：突出显示数据

1. 显示数据条

利用 Excel 的数据条功能，可以非常直观地查看选定区域中数值的大小情况，系统预设了几个样式供用户直接使用。下面为"销售统计表 .xlsx"工作簿应用预设的数据条样式，其具体操作步骤如下。

STEP 1 选择数据条样式

❶打开"销售统计表"工作簿，在"明细"工作表中选择 F3:F11 单元格区域；❷在【开始】/【样式】组中单击"条件格式"按钮；❸在打开的下拉列表中选择"数据条"选项；❹在打开的子列表中选择"渐变填充"栏中的"绿色数据条"选项。

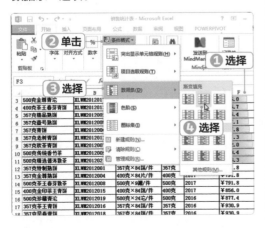

STEP 2 查看添加数据条的效果

返回 Excel 工作界面，即可看到添加数据条后的单元格效果。

产品名称	产品编号	产品规格	重量	出厂年份	单价
500克金蕃青花	XLWM2012017	500克×24汇包/件	500克	2016	￥535.0
400克苯王春芽青茶	XLWM2012013	400克×84筒/件	400克	2017	￥545.7
357克精品熟普	XLWM2012002	357克×84筒/件	357克	2017	￥556.4
357克蕃号熟普	XLWM2012005	357克×84筒/件	357克	2017	￥567.1
357克青茶	XLWM2012006	357克×84筒/件	357克	2017	￥577.8
357克名树青茶	XLWM2012003	357克×84筒/件	357克	2017	￥631.3
357克秋芽青茶	XLWM2012007	357克×84筒/件	357克	2017	￥642.0
500克传统春竹茶	XLWM2012009	500克×24支/件	500克	2017	￥663.4
500克精选普洱散茶	XLWM2012021	500克×40包/件	500克	2016	￥738.3

2. 显示色阶

Excel 除具有数据条功能外，还有一项全新的"色阶"条件格式功能，可以让表格数据更直观。下面为"销售统计表 .xlsx"工作簿应用预设的色阶样式，其具体操作步骤如下。

STEP 1 选择色阶样式

❶在"明细"工作表中选择 G3:G11 单元格区域；❷在【开始】/【样式】组中单击"条件格式"按钮；❸在打开的下拉列表中选择"色阶"

第 1 部 分

选项；④在打开的子列表中选择"红－黄－绿色阶"选项。

STEP 2　查看添加色阶的效果

返回 Excel 工作界面，即可看到添加色阶后的单元格效果。

　操作解谜

色阶的作用

　　Excel 中的色阶是指在一个单元格区域中显示双色渐变或三色渐变，颜色的底纹表示单元格中的值，并且渐变颜色能够随数据值的大小而改变。这对于比较某一单元格区域的数值大小非常适用。

3. 显示图标集

　　Excel 提供的条件格式中除数据条和色阶外，还有一个图标集功能，它主要是对项目状态进行可视化标识。需要注意的是，只有数值才可以进行"图标集"的条件格式，如果要设

置的单元格区域不是数值，则一定要先将其转换为数值后再应用图标集。下面在"销售统计表 .xlsx"工作簿中对"销售指标"情况进行可视化标识，其具体操作步骤如下。

STEP 1　选择单元格区域

①在"明细"工作表中选择 I3:I23 单元格区域；②在【开始】/【数字】组中单击"展开"按钮。

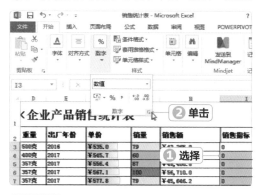

STEP 2　自定义数字格式

①打开"设置单元格格式"对话框，单击"数字"选项卡，选择"分类"列表框中的"自定义"选项；②在"类型"文本框中输入文本内容"已达标 ;;未达标"；③单击"确定"按钮。

STEP 3　自定义规则

①返回 Excel 工作界面，在【开始】/【样式】组中单击"条件格式"按钮；②在打开的下拉列表中选择"图标集"选项；③在打开的子列

表中选择"其他规则"选项。

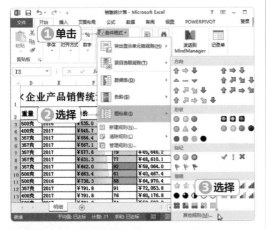

STEP 4 选择图标样式

❶打开"新建格式规则"对话框，单击"编辑规则说明"栏中"图标样式"按钮右侧的下拉按钮；❷在打开的下拉列表框中选择"3个星形"选项。

技巧秒杀

在单元格中只显示图标集

在应用图标集时，如果只希望在单元格中显示相应的图标，则在"新建格式规则"对话框中单击选中"编辑规则说明"栏中的"仅显示图标"复选框，即可在单元格中应用图标而不显示数值。

STEP 5 设置显示规则

❶将当前值是"1"、类型为"数字"的单元格设置为全黄的五角星显示；❷将当前值是"0"、类型为"数字"的单元格设置为半黄的五角星显示；❸单击"确定"按钮。

STEP 6 查看应用图标集的效果

返回 Excel 工作界面，即可看到应用图标集后的单元格效果。

操作解谜

清除条件格式

如果对当前应用的色阶、数据条、图标集等格式不满意，选择应用格式的单元格，单击"条件格式"按钮，在打开的下拉列表中选择"清除格式"选项，再在打开的子列表中选择"清除所选单元格的规则"选项，即可清除条件格式。

第1部分

2.1.2 按规定显示数据

Excel 不仅可以对单元格中的数值进行突出显示，而且对单元格中的文本也可以通过相应的规则来突出显示，如通过改变颜色、字形、特殊效果等改变格式的方法使得某一类具有共性的单元格突出显示。下面介绍按规定要求显示数据的相关操作。

微课：按规定显示数据

1. 按项目选择规则显示数据

项目选取规则可以突出显示选定区域中最大或最小的百分数或数字所指定的数据所在的单元格，还可以指定大于或小于平均值的单元格。下面在"销售统计表 .xlsx"工作簿中对"销售额"进行显示，其具体操作步骤如下。

STEP 1 选择项目选取规则

❶在"明细"工作表中选择 H3:H23 单元格区域后，在【开始】/【样式】组中单击"条件格式"按钮；❷在打开的下拉列表中选择"项目选取规则"选项；❸在打开的子列表中选择"高于平均值"选项。

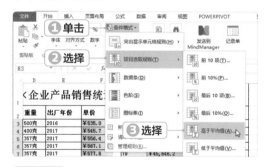

STEP 2 设置单元格填充颜色

❶打开"高于平均值"对话框，在"设置为"列表框中选择"浅红色填充"选项；❷单击"确定"按钮。

STEP 3 查看按项目选择效果

返回 Excel 工作界面，即可看到按项目选择单元格效果。

2. 显示规定的单元格数据

为了方便阅读，还可以让单元格的数据按照规定的条件显示。下面在"销售统计表 .xlsx"工作簿中对销量在 80~100 之间的数值进行突出显示，其具体操作步骤如下。

STEP 1 清除条件格式

❶在"明细"工作表中选择 G3:G11 单元格区域；❷在【开始】/【样式】组中单击"条件格式"按钮；❸在打开的下拉列表中选择"清除规则"选项；❹在打开的子列表中选择"清除所选单元格的规则"选项。

技巧秒杀

清除所有规则

单击"条件格式"按钮，在打开的下拉列表中选择"清除格式"选项后，再在打开的子列表中选择"清除整个工作表的规则"选项，可清除当前工作中所有应用的条件格式。

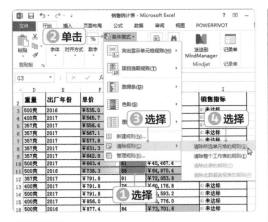

STEP 2　选择突出显示规则

❶在"明细"工作表中选择 G3:G23 单元格区域，在【开始】/【样式】组中单击"条件格式"按钮；❷在打开的下拉列表中选择"突出显示单元格规则"选项；❸在打开的子列表中选择"介于"选项。

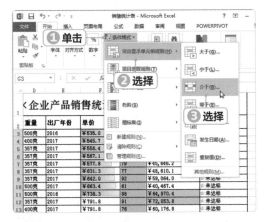

STEP 3　设置突出显示条件

❶打开"介于"对话框，在数值框中分别输入"80"和"100"；❷在"设置为"下拉列表框中选择"黄填充色深黄色文本"选项；❸单击"确定"按钮。

STEP 4　查看突出显示效果

返回 Excel 工作界面，即可看到设置的突出显示的单元格效果。

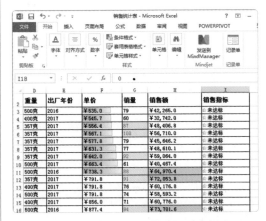

3. 自定义规则显示数据

　　如果对 Excel 预设的显示规则不满意，用户可以针对工作表中的实际内容进行自定义规则显示。下面在"销售统计表 .xlsx"工作簿中对出厂年份为 2016 年的单元格进行显示，其具体操作步骤如下。

STEP 1　选择新建规则

❶在"明细"工作表中选择 E3:E23 单元格区域；❷在【开始】/【样式】组中单击"条件格式"按钮；❸在打开的下拉列表中选择"新建规则"选项。

STEP 2 设置格式规则

❶打开"新建格式规则"对话框，在"选择规则类型"栏中选择"只为包含以下内容的单元格设置格式"选项；❷在"编辑规则说明"栏中，将单元格数值设置为"等于，2016"；❸单击"格式"按钮。

STEP 3 设置填充效果

打开"设置单元格格式"对话框，单击"填充"选项卡，单击"填充效果"按钮。

STEP 4 选择填充颜色和样式

❶打开"填充效果"对话框，在"颜色"栏中将"颜色 2"设置为"橙色，着色 6"选项；❷在"变形"栏中选择第 1 排的第 2 种样式；❸依次单击"确定"按钮，完成单元格颜色的设置。

STEP 5 查看新建规则效果

返回 Excel 工作界面，即可看到应用新建规则的单元格效果。

	D	E	F	G	H	I
2	重量	出厂年份	单价	销量	销售额	销售指标
3	500克	2016	¥635.0	79	¥42,265.0	未达标
4	400克	2017	¥545.7	60	¥32,742.0	未达标
5	357克	2017	¥556.4	8T	¥48,406.8	未达标
6	357克	2017	¥567.1	100	¥56,710.0	未达标
7	357克	2017	¥577.8	79	¥45,646.2	未达标
8	357克	2017	¥631.3	77	¥48,610.1	未达标
9	357克	2017	¥642.0	92	¥59,064.0	未达标
10	500克	2017	¥663.4	61	¥40,467.4	未达标
11	500克	2017	¥738.3	88	¥64,970.4	未达标
12	357克	2017	¥791.8	91	¥72,053.8	未达标
13	500克	2017	¥791.8	76	¥60,176.8	未达标
14	500克	2017	¥791.8	74	¥58,593.2	未达标
15	400克	2017	¥856.0	71	¥60,776.0	未达标
16	500克	2016	¥877.4	84	¥73,701.6	未达标

操作解谜

修改条件格式

在工作表中选择应用条件格式的单元格后，单击"条件格式"按钮，在打开的下拉列表中选择"管理规则"选项，打开"条件格式规则管理器"对话框，在其中可以对应用的单元格区域、所设置的条件规则、显示格式等内容进行修改。

2.2 打印"入职登记表"

入职登记表是公司中最常用的表格，尤其是在经历一场招聘会后，公司就会通知新员工办理入职手续，在这个过程中即需要填写新员工"入职登记表"，因此公司应先将表格打印出来以便存档。此外，也可将"入职登记表"发送给新员工进行填写。下面通过打印"入职登记表.xlsx"工作簿来讲解打印和输出表格的方法。

2.2.1 打印数据

在办公的时候经常需要打印 Excel 表格，在打印表格时，为了让表格看起来美观、布局合理，往往需要调整其格式，如页边距、纸张方向、打印区域等。下面就介绍打印表格的相关方法。

微课：打印数据

1. 设置页面布局

页面的布局主要包括打印纸张的方向、缩放比例、纸张大小、打印质量和起始页码等方面的内容。下面打开"入职登记表.xlsx"工作簿，设置其打印方向、缩放比例和纸张大小，其具体操作步骤如下。

STEP 1 打开对话框

打开"入职登记表.xlsx"工作簿，在【页面布局】/【页面设置】组中单击右下角的"对话框启动器"按钮。

STEP 2 设置表格页面

❶打开"页面设置"对话框，在"页面"选项卡中可以设置纸张的打印方向、缩放比例、纸张大小、打印质量和起始页码等，这里单击选中"方向"栏中的"纵向"单选项；❷在"缩放"栏的"缩放比例"数值框中输入"100"；❸在"纸

张大小"下拉列表框中选择"A4"选项；❹单击"打印预览"按钮。

STEP 3 预览打印效果

在打开的"打印"界面右侧查看设置后的表格打印效果。

技巧秒杀

单击"打印"界面左上角的"返回"按钮，或直接按键盘上的【Esc】键，可退出打印预览状态，返回工作表界面。

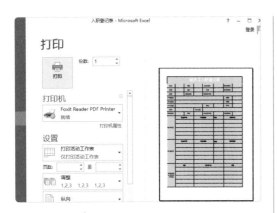

❸在"居中方式"栏中单击选中"水平"复选框;

❹单击"打印预览"按钮。

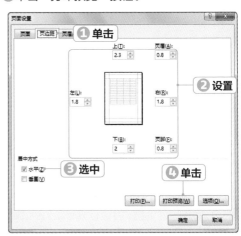

STEP 3 预览打印效果

在打开的"打印"界面右侧查看设置后的表格打印效果。

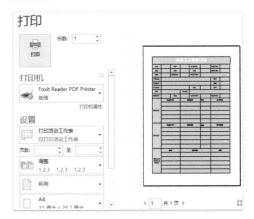

如果希望快速完成页面的设置,可以直接在【页面布局】/【页面设置】组中单击各选项按钮,然后根据需要在相应的下拉列表中选择合适的选项或进行相应的设置。

2. 设置页边距

为了让打印出来的工作表在纸张上的布局更为合理,可以通过"页面设置"对话框设置表格内容距纸张上、下、左、右的距离。下面为"入职登记表 .xlsx"工作簿设置页边距,其具体操作步骤如下。

STEP 1 打开对话框

在【页面布局】/【页面设置】组中单击右下角的"对话框启动器"按钮。

3. 设置页眉和页脚

为了让表格打印输出后更加专业,且内容更加丰富,可以为表格自定义页眉和页脚。下面为"入职登记表 .xlsx"工作簿自定义页眉和页脚,其具体操作步骤如下。

STEP 1 自定义页眉

❶按相同方法打开"页面设置"对话框,单击"页眉 / 页脚"选项卡;❷单击"自定义页眉"按钮。

STEP 2 设置表格页边距

❶打开"页面设置"对话框,单击"页边距"选项卡;❷在"上""下""左""右"数值框中分别输入"2.3""2""1.8""1.8";

第 2 章 数据的显示与输出

STEP 2　设置页眉内容

❶打开"页眉"对话框，将鼠标光标定位到"中"文本框中；❷单击"插入文件名"按钮；❸单击"确定"按钮。

STEP 3　自定义页脚

返回"页眉/页脚"选项卡，此时，"页眉"列表框中显示了刚插入的文件名，单击"自定义页脚"按钮。

STEP 4　设置页脚内容

❶打开"页脚"对话框，将鼠标光标定位到"中"文本框中；❷单击"插入日期"按钮，为表格添加当前日期；❸单击"插入时间"按钮，为表格添加当前时间；❹单击"确定"按钮。

STEP 5　预览页眉/页脚

返回"页眉/页脚"选项卡。此时，"页脚"列表框中显示了插入的日期和时间，单击"打印预览"按钮。

STEP 6　打印表格

❶在打开的"打印"界面右侧查看设置后的表格打印效果，确认无误后，在左上方的"份数"数值框中输入要打印的份数，这里输入"20"；❷单击"打印"按钮，执行打印操作。

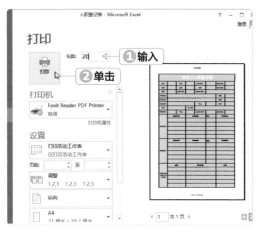

操作解谜

删除页眉和页脚

不同的场合对工作表有不同的要求，如果工作表中不需要页眉和页脚，可以将其删除。方法是：①在设置了页眉和/或页脚的工作簿中单击【页面布局】/【页面设置】组右下角的"展开"按钮，打开"页面设置"对话框，单击"页眉/页脚"选项卡；②在"页眉"和"页脚"的下拉列表框中分别选择"（无）"选项；③最后单击"确定"按钮。

4. 设置表格打印区域

如果只需要表格中的部分数据，可以通过 Excel 提供的设置打印表格区域的功能，打印需

要的部分。下面对"入职登记表 .xlsx"工作簿中除标题外的区域进行打印，其具体操作步骤如下。

STEP 1 设置打印区域

①打开"页面设置"对话框，单击"工作表"选项卡；②单击"打印区域"文本框右侧的"收缩"按钮。

STEP 2 选择打印范围

①打开"页面设置 – 打印区域"对话框，在工作表中拖动鼠标选择需要打印的单元格内容，这里选择 A2:H27 单元格；②单击对话框右侧的"展开"按钮。

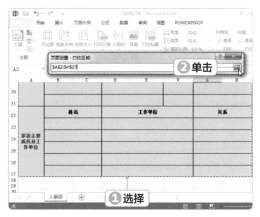

STEP 3 进入预览模式

返回"页面设置"对话框，确认打印内容无误后，单击右下角的"打印预览"按钮。

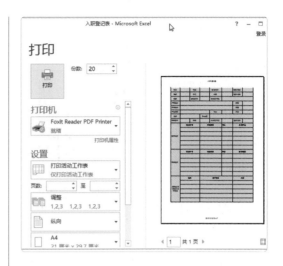

STEP 4 预览打印效果

在打开的"打印"界面右侧查看设置后的表格打印效果。

2.2.2 导出数据

　　在表格传输的过程中，如果遇到计算机中没有安装办公软件的情况，将无法打开 Excel 表格。为了避免这种情况的出现，可将表格导出为其他格式，如 PDF 格式，以方便其他人员的查看与编辑。下面介绍导出数据的几种常见方法。

微课：导出数据

1. 将表格导出为 PDF 格式

　　在工作中可能需要将做好的 Excel 数据交给领导，为了避免在文件传送过程中格式发生错乱，可以先将 Excel 表格转换成 PDF 格式后再进行传送。下面将"入职登记表 .xlsx"工作簿导出为 PDF 格式，其具体操作步骤如下。

STEP 1 展开"文件"列表

打开"入职登记表 .xlsx"工作簿。

STEP 2 选择导出格式

❶选择【文件】/【导出】命令；❷在"导出"栏中选择"创建 PDF/XPS 文档"选项；❸在"创建 PDF/XPS 文档"栏中单击"创建 PDF/XPS 文档"按钮。

STEP 3 将表格发布为 PDF

❶打开"发布为 PDF 或 XPS"对话框，选择表格的保存路径；❷在"文件名"文本框中输入表格名称"入职登记表"；❸单击"发布"按钮。

STEP 4　查看发布效果

此时，计算机中将自动显示 PDF 格式的"入职登记表"文档。

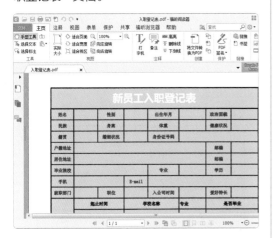

2. 将工作簿导出为模板

在工作中有时可能会经常使用一个固定格式的表格，如"员工基本资料""员工入职登记"等。可以将这些常用表格导出为模板，以此来提高工作效率。下面将"入职登记表 .xlsx"工作簿导出为模板，其具体操作步骤如下。

STEP 1　导出为模板

❶选择【文件】/【导出】命令；❷在"导出"栏中选择"更改文件类型"选项；❸在"更改

文件类型"列表框中选择"模板"选项。

STEP 2　确认文件类型

确认所导出的表格类型无误后，单击"更改文件类型"列表框底部的"另存为"按钮。

技巧秒杀

快速更改工作簿类型

打开"另存为"对话框后，在"保存类型"列表框中可以快速选择所需的工作簿的类型，如网页、启用宏的工作簿、XPS文档等。

STEP 3　设置导出路径

❶打开"另存为"对话框，选择工作簿的保存路径；❷在"文件名"文本框中输入"入职登

第 **2** 章　数据的显示与输出

记表——模板"；❸单击"保存"按钮。

3. 发送工作簿

发送工作簿的方式有多种，可以将工作簿作为附件进行发送，也可以将工作簿以 PDF 或 XPS 文档等方式进行发送。下面将"入职登记表 .xlsx"工作簿以附件形式进行发送，其具体操作步骤如下。

STEP 1　选择共享表格方式

❶选择【文件】/【共享】命令；❷在"共享"栏中选择"电子邮件"选项；❸单击"电子邮件"栏中的"作为附件发送"按钮。

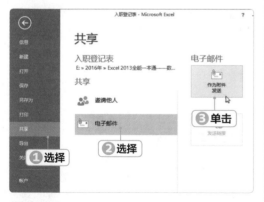

STEP 2　发送邮件

❶此时，"入职登记表"工作簿自动以附件的形式添加到邮件中，在"收件人"文本框中输入接收邮件的地址；❷在"邮件正文"文本框中输入邮件信息；❸单击"发送"按钮，即可将工作簿以附件形式发送到指定邮件地址。

第
1
部
分

操作解谜

创建 Microsoft Outlook 配置文件

第一次使用Excel的电子邮件功能时，系统可能会提示用户创建Microsoft Outlook配置文件，方法是：①在控制面板中单击"用户账户和家庭安全"超链接，在打开的界面中单击"邮件"超链接，打开"邮件设置"对话框，单击"显示配置文件"按钮；②打开"邮件"对话框，单击"添加"按钮；③在打开的"新建配置文件"对话框的"配置文件名称"文本框中输入"Microsoft Outlook"；④单击"确定"按钮。

![加油站图标] **新手加油站** ——*数据的显示与输出技巧*

1. 打印标题

当表格内容很多时，将被打印成多页，而在打印时 Excel 默认只在第 1 页显示表格的标题。如果要在每页都显示表格标题，可通过"页面设置"对话框进行设置，其具体操作步骤如下。

❶ 打开要打印的工作簿，然后打开"页面设置"对话框，单击"工作表"选项卡，单击"顶端标题行"文本框右侧的"收缩"按钮。

❷ 打开"页面设置 – 顶端标题行 1"对话框，在表格中选择标题内容，然后单击"展开"按钮，返回"页面设置"对话框，单击其中的"打印预览"按钮确认设置。

❸ 进入"打印"界面的预览模式，浏览表格的多页内容，可看到每页表格上方都显示了标题行内容。

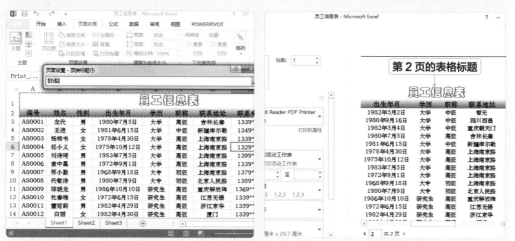

2. 打印表格中的背景图案

在默认情况下，为工作表设置的背景图案是不能被打印输出的。如果要使打印的工作表包含背景图案，则需要进行设置，其具体操作步骤如下。

❶ 在包含背景图案的工作表中选择【页面布局】/【页面背景】组，单击"删除背景"按钮，将背景图案删除。

❷ 在工作表中选择需要打印的工作表区域（包括要留出显示背景的空白区域），按【Ctrl+C】组合键复制该区域。

❸ 新建空白工作簿，在【开始】/【剪贴板】组中单击"粘贴"按钮，在打开的下拉列表中单击"图片"按钮，将所选单元格区域以图片的形式插入到工作表中。此时，进入"打印预览"页面便可预览打印效果。

❹ 如果对插入图片的打印效果不满意，还可以通过"图片工具 格式"选项卡，对图片颜色、边框、样式等进行设置。

3. 打印工资条

制作工资条是 HR 或财务人员最常用的 Excel 操作。下面通过排序法来制作工资条，其具体操作步骤如下。

❶ 打开制作好的"工资表.xlsx"工作簿，首先在工资表相邻的空白列输入数字"1,2,…"用填充柄填充。注意与员工人数一致，作为做工资条的辅助列。

❷ 利用【Ctrl+C】组合键快速复制一份刚刚做的数据。注意，这里复制的数字要比之前输入的数字少一位（如之前输入的是"1，2，3，4"，则这里就输入"1，2，3"），然后按【Ctrl+V】组合键粘贴到紧接着的尾部。

❸ 利用【Ctrl+C】组合键和【Ctrl+V】组合键，在表格的底部复制多个与第二份数据个数一致的表头。

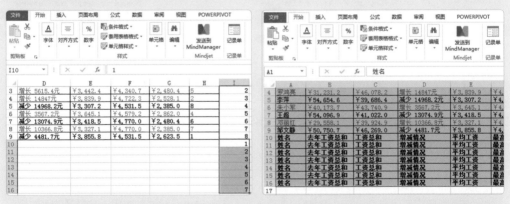

❹ 选择工作表中所有包含数据的单元格，单击【开始】/【编辑】组中的"排序和筛选"按钮，在打开的下拉列表中选择"自定义排序"选项。

❺ 打开"排序"对话框，在"主要关键字"下拉列表框中选择"列（I）"选项，在"次序"下拉列表框中选择"升序"选项，然后单击"确定"按钮。

❻ 此时，工作表中将显示制作好的工资条，将辅助列删除。选择【文件】/【打印】命令，

在打开的列表中进行打印设置，确认无误后即可打印工资条。

4. 在页眉添加图片

在自定义表格的页眉时，除可以插入时间、文件名、页数等信息外，还可以插入图片，一般最常见的是插入公司的 Logo。方法是：打开"页面设置"对话框，在"页眉 / 页脚"项卡中单击"自定义页眉"按钮，打开"页眉"对话框，将鼠标光标定位到需插入图片的位置。单击"插入图片"按钮，在打开的"插入图片"对话框中选择"来自文件"选项，然后选择要插入的图片即可。

5. 打印不连续的行或列区域

一般情况下，打印表格时是选择连续区域，或是整张工作表。如果需要将一张工作表中部分不连续的行或列打印出来，在工作表中按住【Ctrl】键的同时，用鼠标左键单击行号或列标，选择不需要打印的多个不连续的行（列），然后单击【开始】/【单元格】组中的"格式"按钮，在打开的下拉列表中选择"隐藏和取消隐藏"选项，再在打开的子列表中选择"隐藏行"或"隐藏列"选项，将选择的行（列）隐藏起来，然后再执行打印操作即可。

高手竞技场 ——数据的显示与输出练习

1. 打印"质量问题分析表"工作簿

打开提供的素材文件"质量问题分析表 .xlsx"工作簿，打印工作表，要求如下。

- 打开"页面设置"对话框,在"页面"选项卡中将纸张方向设置为"横向","纸张大小"设置为"A3","缩放比例"设置为"150%"。
- 在"页边距"选项卡中将"上""下""左""右"的距离分别设置为"1.9""1.9""0.6""0.6";将"居中方式"设置为"水平"和"垂直"。

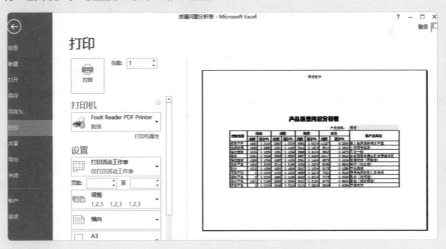

2. 打印员工工资条

打开提供的素材文件"员工工资条 .xlsx"工作簿,打印工资条,要求如下。

- 首先将"员工工资条 .xlsx"工作簿导出为"模板"。
- 打开"页面设置"对话框,在"页面"选项卡中,将"方向"设置为"横向","缩放"设置为"80%"。
- 在"页眉 / 页脚"选项卡中的"页脚"下拉列表框中插入日期。
- 在"工作表"选项卡中将打印区域设置为"A2:O11"。

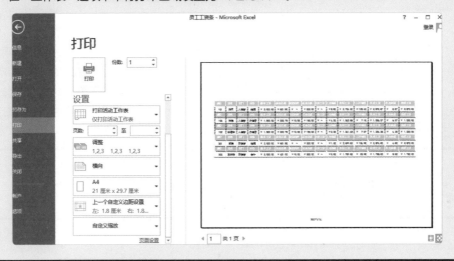

第 3 章

公式和函数的基本操作

/ 本章导读

众所周知，Excel 最强大的功能是数据计算，不管是简单的算式计算，还是比较复杂的逻辑判断、财务求值等，在 Excel 中都可以通过公式和函数快速完成。本章介绍使用公式和函数计算数据的方法，以及对计算后的数据进行检查的方法，以保证数据的正确性。

财务知识	法律知识	英语口语	职业素养	人力管
85	88	70	80	82
60	61	50	63	61
92	94	90	91	89
54	55	58	75	55
90	89	96	99	92
89	96	89	75	90
89	96	89	75	90
72	60	95	84	90
85	88	70	80	82
92	94	90	91	89
84	95	87	78	85
72	60	95	84	90
54	55	58	75	55
90	89	96	99	92
84	95	87	78	85
60	61	50	63	61

员工培训成绩表

60,"差",IF(K4<80,"一般",IF(K4<90,"良","优")))

=D9*100-F9*80

部门绩效评比表

绩效评比

原因	扣分	原因
提供开源节流有效方案	0.5	未按要求着装、违反服务要求
团结友爱、乐于助人等		
超出工作职责做出的贡献		
	0.5	迟到、早退等缺勤情况
	1	日报填写敷衍了事
团结友爱、乐于助人等		
	0.5	未按要求着装、违反服务要求
提出有效改进建议		
提供业绩增长方案		
超出工作职责做出的贡献		
	0.5	未按要求着装、违反服务要求
	2	与客户、主管发生争吵

绩效奖总奖金

3.1 计算"工资表"

工资表又称工作结算表，通常会在工资正式发放前的 1~3 天发放到员工手中，员工可以查看工资明细并就工资表中出现的问题向上级反映。工资表主要根据工资卡、考勤记录、产量记录及代扣款项等数据完成计算。工资表通常是利用 Excel 进行制作的，主要涉及的知识点包括公式的基本操作与调试以及单元格中数据的引用等。

3.1.1 公式的使用

在 Excel 中使用公式可以帮助使用人员快速完成各种计算，通常可以直接在单元格中输入公式，也可以通过复制快速填充方式，当公式输入错误时，还可对公式进行修改。下面详细介绍公式的一些基本操作。

微课：公式的使用

1. 输入公式

在 Excel 中，输入计算公式进行数据计算时需要遵循一个特定的次序或语法，即最前面是等号"="，然后才是计算公式。公式中可以包含运算符、常量数值、单元格引用、单元格区域引用和函数等。下面在"工资表 .xlsx"工作簿中输入公式，其具体操作步骤如下。

STEP 1 在单元格中输入

❶打开"工资表 .xlsx"工作簿，选择 J4 单元格；❷输入符号"="，编辑栏中会同步显示输入的符号"="，依次输入要计算的公式内容"1200+200+441+200+300+200−202.56−50"，编辑栏中同步显示输入内容。

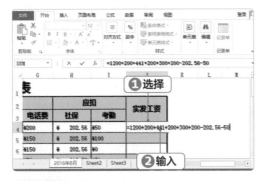

STEP 2 完成公式的输入

按【Enter】键，Excel 对公式进行计算，并在单元格中显示计算结果。

技巧秒杀

在编辑栏中输入公式

当公式较长时，可以在编辑栏中输入公式以便更直观地查看。方法是：选择需计算结果的单元格，将鼠标光标定位到编辑栏，输入公式即可。

2. 复制填充公式

在 Excel 表格中计算数据时，通常某个单元格区域的公式是一样的，只是计算的数据不同，通过复制公式的方法，能够节省计算数据的时间。下面在"工资表 .xlsx"工作簿中复制

第 2 部分

公式，其具体操作步骤如下。

STEP 1　复制公式

❶在 J4 单元格中单击鼠标右键；❷在弹出的快捷菜单中选择"复制"命令。

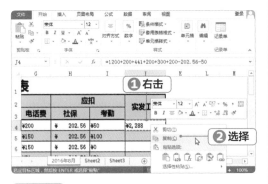

STEP 2　粘贴公式

❶在 J5 单元格中单击鼠标右键；❷在弹出的快捷菜单的"粘贴选项"栏中选择"公式"命令。

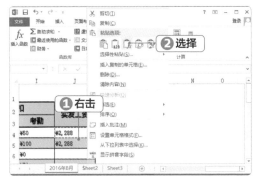

STEP 3　查看复制公式效果

将公式复制到 J5 单元格中，显示的是公式的计算结果，双击单元格即可查看公式（或者选择该单元格，在编辑栏中也可以查看公式）。

操作解谜

复制公式和普通复制的区别

　　如果在"粘贴选项"栏中选择"粘贴"命令或通过【Ctrl+C】、【Ctrl+V】组合键来复制公式，不但能复制公式，而且会将源单元格中的格式复制到目标单元格中。

3. 修改公式

　　编辑公式的方法很简单，输入公式后，如果发现输入错误或公式发生改变时，就需要修改公式。修改时，只需要选择公式中要修改的部分，重新输入并确认即可，其修改方法与在单元格或编辑栏中修改数据相似。下面在"工资表 .xlsx"工作簿中修改公式，其具体操作步骤如下。

STEP 1　选择修改的数据

选择 J5 单元格，在编辑栏中选择数据"200"。

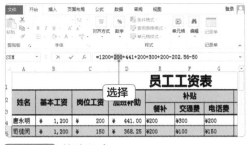

STEP 2　修改公式

根据第 5 行的数据，在编辑栏中修改其他数据。

STEP 3 完成公式的修改

修改完成后按【Enter】键，J5 单元格中将显示新公式的计算结果。

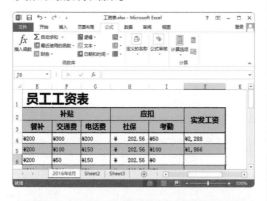

4. 显示公式

默认情况下，单元格将显示公式的计算结果，如果要查看单元格中包含的公式时，需先单击某个单元格，再在编辑栏中查看，如果要在工作表中查看多个公式，可以通过设置只显示公式而不显示计算结果的方式查看。下面设置显示或隐藏"工资表 .xlsx"工作簿中的公式，其具体操作步骤如下。

STEP 1 显示公式

在【公式】/【公式审核】组中单击"显示公式"按钮，

表格中所有包含公式的单元格中将显示公式。

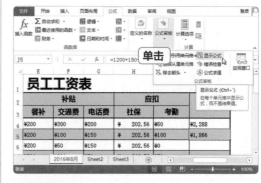

STEP 2 隐藏公式

再次在【公式】/【公式审核】组中单击"显示公式"按钮，表格中所有显示公式的单元格中将隐藏公式并显示计算结果。

3.1.2 | 单元格的引用

引用单元格的作用在于标识工作表中的单元格或单元格区域，并通过引用单元格来标识公式中所使用的数据地址，这样在创建公式时就可以直接通过引用单元格的方法来快速创建公式并完成计算，提高计算数据的效率。

微课：单元格的引用

1. 在公式中引用单元格来计算数据

在 Excel 中利用公式来计算数据时，最常用的方法是直接引用单元格。下面在"工资表 .xlsx"工作簿中引用单元格，其具体操作步骤如下。

STEP 1 删除公式

在工作表中选择 J4:J5 单元格区域，按【Delete】键，删除其中的公式。

技巧秒杀

单击引用单元格

单击选择单元格也能引用单元格地址，引用后将在公式中输入引用单元格的地址。单击选择能更加直观地引用单元格，并减少公式中引用错误情况的发生。

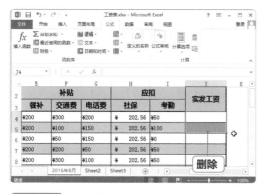

STEP 2 输入公式

在 J4 单元格中输入"=B4+C4+D4+E4+F4+G4-H4-I4"。

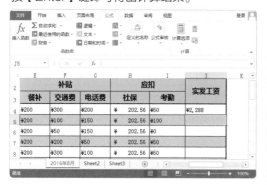

STEP 3 计算结果

按【Enter】键即可得出计算结果。

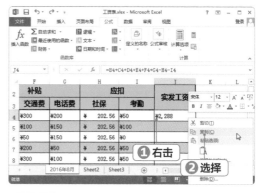

2. 相对引用单元格

在默认情况下复制与填充公式时,公式中的单元格地址会随着存放计算结果的单元格位置的不同而不同,这就是相对引用。将公式复制到其他单元格时,单元格中公式的引用位置会发生相应的变化,但引用的单元格与包含公式的单元格的相对位置不变。下面在"工资表 .xlsx"工作簿中通过相对引用来复制公式,其具体操作步骤如下。

STEP 1 复制公式

❶在 J4 单元格中单击鼠标右键;❷在弹出的快捷菜单中选择"复制"命令。

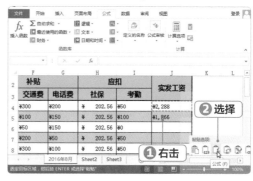

STEP 2 粘贴公式

❶在 J5 单元格中单击鼠标右键;❷在弹出的快捷菜单的"粘贴选项"栏中选择"公式"命令,将 J4 单元格中的公式复制到 J5 单元格中,由于这里是相对引用单元格,所以公式中引用的单元格是第 5 行中的数据。

STEP 3 通过控制柄复制公式

将鼠标光标移动到 J5 单元格右下角的填充柄上,按住鼠标左键不放并拖动至 J21 单元格,释放鼠标即可通过填充方式将公式复制到J6:J21 单元格区域中。

STEP 4 设置填充选项

❶单击"自动填充选项"按钮；❷在打开的下拉列表中单击选中"不带格式填充"单选项。

STEP 5 查看自动填充公式效果

在 J6:J21 单元格区域内将自动填充公式，并计算出结果。

3. 绝对引用单元格

绝对引用是指引用单元格的绝对地址，被引用单元格与引用单元格之间的关系是绝对的。

将公式复制到其他单元格时，行和列的引用不会变。绝对引用的方法是在行号和列标前分别添加一个"$"符号。下面在"工资表.xlsx"工作簿中通过绝对应用来计算数据，其具体操作步骤如下。

STEP 1 删除多余数据

❶选择 E4:E21 单元格区域，按【Delete】键；❷在【开始】/【对齐方式】组中单击"合并后居中"按钮。

STEP 2 输入数据

在合并后的 E4 单元格中输入"200"，按【Enter】键。

技巧秒杀

快速将相对引用转换为绝对引用

在公式的单元格地址前或后按【F4】键，即可快速将相对引用转换为绝对引用。

STEP 3 设置绝对引用

❶选择 J4 单元格；❷在编辑栏中选择"E4"文本，重新输入"$E$4"。

第2部分

STEP 4 复制公式

❶按【Enter】计算结果，将鼠标光标移动到 J4 单元格右下角的填充柄上，按住鼠标左键不放并拖动至 J21 单元格，释放鼠标即可通过填充方式快速将公式复制到 J6:J21 单元格区域；❷单击"自动填充选项"按钮；❸在打开的下拉列表中单击选中"不带格式填充"单选项。

STEP 5 查看自动填充效果

在 J6:J21 单元格区域内将自动填充公式，并计算出结果。

操作解谜

混合引用

混合引用是指公式中既有绝对引用又有相对引用，如公式"=B$1"就是混合引用。在混合引用中，绝对引用部分保持绝对引用的性质，相对引用部分保持相对引用的性质。

4. 引用不同工作表中的单元格

在编辑表格的过程中，有时需要调用不同工作表中的数据，这时就需要引用其他工作表中的单元格。下面在"工资表.xlsx"工作簿中引用不同工作表中的单元格数据，其具体操作步骤如下。

STEP 1 选择单元格

❶选择 J4 单元格；❷在编辑栏中的公式最后输入"+"符号。

STEP 2 在不同的工作表中引用单元格

❶单击"Sheet2"工作表标签；❷在该工作表中选择 I3 单元格。

STEP 3 设置绝对引用

按【Enter】键返回"2016 年 8 月"工作表，将鼠标光标定位到编辑栏的"I3"文本处，按【F4】键，将该引用转换为绝对引用。

操作解谜

引用不同工作表中单元格的格式

在同一工作簿的另一张工作表中引用单元格数据，只需在单元格地址前加上工作表的名称和感叹号"!"，其格式为：工作表名称! 单元格地址。

STEP 4 复制公式

❶按【Enter】键计算结果，将鼠标光标移动到 J4 单元格右下角的填充柄上，按住鼠标左键不放并拖动至 J21 单元格，释放鼠标即可通过填充方式快速将公式复制到 J5:J21 单元格区域中；❷单击"自动填充选项"按钮；❸在打开的下拉列表中单击选中"不带格式填充"单选项。

STEP 5 查看自动填充公式效果

在 J5:J21 单元格区域内将自动填充公式，并计算出结果。

5. 引用不同工作簿中的单元格

Excel 可以引用不同工作表中的单元格，当然也可以引用不同工作簿中的单元格。下面在"工资表.xlsx"工作簿中引用"固定奖金表.xlsx"工作簿中的单元格，其具体操作步骤如下。

STEP 1 选择单元格

❶在"工资表.xlsx"工作簿中选择 J4 单元格；❷将鼠标光标定位到编辑栏中，在公式最后输入"+"。

STEP 2 引用不同工作簿中的单元格

打开"固定奖金表.xlsx"工作簿，在"Sheet1"工作表中选择 E3 单元格，在编辑栏中即可看到公式中引用了该工作簿的单元格。

第 2 部分

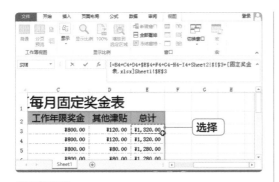

STEP 3 转换为相对引用

在编辑栏中,删除"$"符号,将绝对引用"$E$3"转换为相对引用"E3"。

STEP 4 计算结果

按【Enter】键返回"工资表",在 J4 单元格中得出结果。

操作解谜

引用不同工作簿中单元格的格式

如果引用了打开的工作簿中的数据,则引用格式为:=[工作簿名称]工作表名称!单元格地址;如果引用了关闭的工作簿中的数据,则引用格式为:'工作簿存储地址[工作簿名称]工作表名称'!单元格地址。

STEP 5 复制公式

❶将鼠标光标移动到 J4 单元格右下角的填充柄上,按住鼠标左键不放并拖动至 J21 单元格,释放鼠标即可通过填充方式快速将公式复制到 J5:J21 单元格区域中;❷单击"自动填充选项"按钮;❸在打开的下拉列表中单击选中"不带格式填充"单选项。

STEP 6 查看自动填充公式效果

在 J5:J21 单元格区域内将自动填充公式,并计算出结果。

6. 引用已定义名称的单元格

　　默认情况下,单元格是以行号和列标定义单元格名称的,用户可以根据实际使用情况,对单元格名称重新命名,然后在公式或函数中使用,简化输入过程,并且让数据的计算更加直观。下面在"固定奖金表 .xlsx"工作簿中引用已定义名称的单元格,其具体操作步骤如下。

STEP 1　选择单元格区域

❶打开"固定奖金表.xlsx"工作簿,在"Sheet1"工作表中选择 B3:B20 单元格区域;❷在其上单击鼠标右键;❸在弹出的快捷菜单中选择"定义名称"命令。

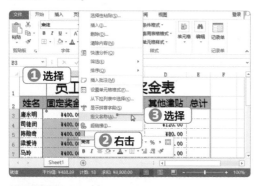

STEP 2　定义名称

❶打开"新建名称"对话框,在"名称"文本框中输入"固定奖金";❷单击"确定"按钮。

STEP 3　定义名称

❶选择 C3:C20 单元格区域,用同样的方法打开"新建名称"对话框,在"名称"文本框中输入"工作年限奖金";❷单击"确定"按钮。

STEP 4　定义名称

❶选择 D3:D20 单元格区域,用同样的方法打开"新建名称"对话框,在"名称"文本框中输入"其他津贴";❷单击"确定"按钮。

技巧秒杀

在名称栏中定义单元格区域名称

在工作表中选择要定义名称的单元格或单元格区域后,在编辑栏的"名称框"中直接输入自定义的名称,然后按【Enter】键即可为所选择的单元格区域命名。此时,如果在"名称框"下拉列表中选择自定义的名称,便可立即跳转至指定的单元格区域。

STEP 5　输入公式

❶选择 E3 单元格;❷输入"= 固定奖金 + 工作年限奖金 + 其他津贴"。

STEP 6　计算结果

按【Enter】键得出计算结果。

计算出结果。

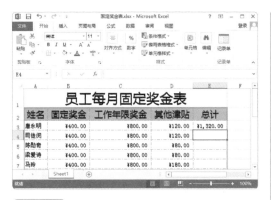

STEP 7 复制公式

❶将鼠标光标移动到 E3 单元格右下角的填充柄上，按住鼠标左键不放并拖动至 E20 单元格，释放鼠标即可通过填充方式快速将公式复制到 E4:E20 单元格区域中；❷单击"自动填充选项"按钮；❸在打开的下拉列表中单击选中"不带格式填充"单选项。

STEP 8 查看自动填充公式效果

在 E4:E20 单元格区域内将自动填充公式，并

技巧秒杀

取消单元格的自定义名称

要删除自定义的单元格名称，需在【公式】/【定义的名称】组中单击"名称管理器"按钮，打开"名称管理器"对话框，在列表框中选择名称选项，然后单击"删除"按钮，即可删除选择的单元格名称。

3.1.3 调试公式

公式作为 Excel 数据处理的核心，在使用过程中出错的概率也非常大，那么如何才能有效避免输入的公式报错呢？这就需要对公式进行调试，使公式能够按照预想的方式计算出数据的结果。调试公式主要包括检查公式、审核公式和实时监视公式等内容。

微课：调试公式

1. 检查公式

在 Excel 中，要查询公式错误的原因可以使用"错误检查"功能，该功能可以根据设定的规则对输入的公式自动进行检查。下面在"工资表 .xlsx"工作簿中设置"错误检查"功能并

检查公式，其具体操作步骤如下。

STEP 1 选择操作

打开"工资表 .xlsx"工作簿，选择【文件】/【选项】命令。

STEP 2　设置"错误检查"功能

❶打开"Excel 选项"对话框，在左侧的列表框中选择"公式"选项；❷在右侧列表框的"错误检查规则"栏中，单击选中相应的复选框来设置"错误检查"的功能，通常保持默认设置，单击"确定"按钮。

STEP 3　检查错误

❶选择 J4 单元格；❷在【公式】/【公式审核】组中单击"错误检查"按钮。

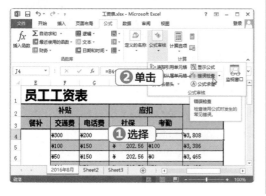

STEP 4　查看错误检查效果

打开提示框，提示已完成整个工作表的错误检查，此处没有检查到公式错误，单击"确定"按钮。

操作解谜

检查到公式错误怎么办？

如果在选择的单元格中检测到公式错误，将打开"错误检查"对话框，并显示公式错误的位置以及错误的原因，单击"在编辑栏中编辑"按钮，返回 Excel 工作界面，在编辑栏中重新输入正确的公式，然后单击"错误检查"对话框中的"下一个"按钮，系统会自动检查表格中的下一个错误。如果表格中没有公式错误，将会打开提示对话框，提示已经完成对整个工作表的错误检查。

2.　审核公式

在公式中引用单元格进行计算时，为了降低使用公式时发生错误的概率，可以利用 Excel 提供的公式审核功能对公式的正确性进行审核。对公式的审核包括两个方面，一是检查公式所引用的单元格是否正确，二是检查指定单元格被哪些公式所引用。下面在"工资表 .xlsx"工作簿中审核公式，其具体操作步骤如下。

STEP 1　追踪引用单元格

❶打开"工资表 .xlsx"工作簿，选择 J4 单元格；
❷在【公式】/【公式审核】组中单击"追踪引用单元格"按钮。

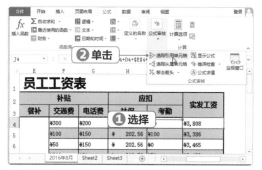

STEP 2　查看追踪效果

此时 Excel 将自动追踪 J4 单元格中所显示值的数据来源，并用蓝色箭头将相关单元格标注出来（如果引用了其他工作表或工作簿的数据，将在目标单元格左上角显示一个表格图标）。

STEP 3　追踪从属单元格

❶选择 E4 单元格；❷在【公式】/【公式审核】组中单击"追踪从属单元格"按钮。

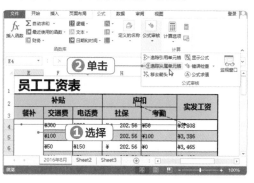

STEP 4　查看追踪结果

此时单元格中将显示蓝色箭头，箭头指向的单元格即为引用了该单元格的公式所在的单元格。

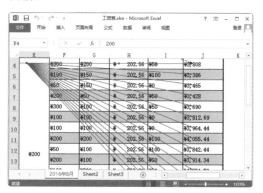

STEP 5　完成审核

审核完所有的公式后，在【公式】/【公式审核】组中单击"移去箭头"按钮，完成整个公式审核操作。

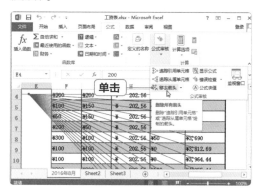

3.　实时监控公式

　　在 Excel 中，还可以使用"监视窗口"功能对公式进行监视，锁定某个单元格中的公式，显示出被监视单元格的实际情况。下面在"工资表 .xlsx"工作簿中设置实时监控公式，其具体操作步骤如下。

STEP 1　打开监视窗口

打开"工资表 .xlsx"工作簿，在【公式】/【公式审核】组中单击"监视窗口"按钮。

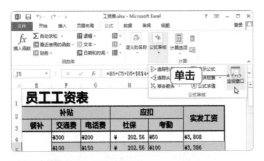

STEP 2 移动监视窗口

打开"监视窗口"任务窗格,将鼠标光标移动
到其标题栏中,按住鼠标左键不放,将其拖动
到 Excel 工作界面中,使其自动排列到 Excel
功能区的下方。

STEP 3 设置监视的单元格

❶在"监视窗口"任务窗格中单击"添加监视"
按钮,打开"添加监视点"对话框,在"选择

您想监视其值的单元格"文本框中输入需要监
视的单元格地址;❷单击"添加"按钮。

STEP 4 进行实时监控

即使该单元格不在当前窗口,也可以在窗格中
查看单元格的公式信息,这样可避免反复切换
工作簿或工作表的繁琐操作。

3.2 计算"绩效考核表"

公司近期销售业绩有所下滑,销售部为了提高员工工作积极性,决定重新制定绩效考核表,
通过该表格来严格记录和判定员工的销售情况,从而为销售业绩的奖惩情况提供有力的依据。"绩
效考核表"涉及的操作主要是 Excel 函数的使用。Excel 函数是一些预先定义好的公式,常被称
作"特殊公式",可进行复杂的运算,快速地计算出数据结果。

3.2.1 函数的使用

在 Excel 中使用函数计算数据时,首先需要掌握一些函数的基本操作,如
输入函数、编辑函数、嵌套函数等,大部分操作与公式的使用基本相似。下面介
绍函数使用的相关知识。

微课:函数的使用

1. 输入函数

与输入公式一样，在工作表中使用函数时也可以在单元格或编辑栏中直接输入，除此之外，还可以通过插入函数的方法来输入并设置函数参数。对于初学者来说，最好采用插入函数的方式进行输入，这样比较容易设置函数的参数。下面在"绩效考核表 .xlsx"工作簿中输入函数，其具体操作步骤如下。

STEP 1　选择单元格

❶打开"绩效考核表 .xlsx"工作簿，在"新员工"工作表中选择 I4 单元格；❷在编辑栏中单击"插入函数"按钮。

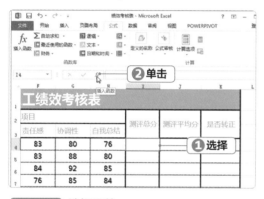

STEP 2　选择函数

❶打开"插入函数"对话框，在"选择函数"列表框中选择"SUM"选项；❷单击"确定"按钮。

STEP 3　打开"函数参数"对话框

打开"函数参数"对话框，单击"Number1"

文本框中右侧的"收缩"按钮。

STEP 4　设置函数参数

❶"函数参数"对话框将自动折叠，在"新员工"工作表中选择 C4:H4 单元格区域；❷在折叠的"函数参数"对话框中单击右侧的"展开"按钮。

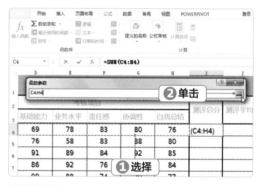

STEP 5　完成函数参数设置

展开"函数参数"对话框，单击"确定"按钮。

STEP 6　查看输入函数后的计算结果

返回 Excel 工作界面，即可在 I4 单元格中看到输入函数后的计算结果。

2. 复制函数

复制函数的操作与复制公式相似。下面在"新员工"工作表中复制函数，其具体操作步骤如下。

STEP 1 选择单元格

将鼠标光标移动到 I4 单元格右下角，当其变成黑色十字形状时，将其向下拖动。

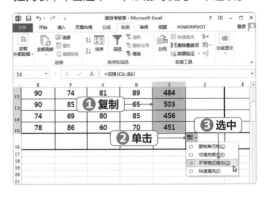

STEP 2 复制函数

❶拖动到 I15 单元格时释放鼠标，即可通过填充方式快速复制函数到 I5:I15 单元格区域中；❷单击"自动填充选项"按钮；❸在打开的下拉列表中单击选中"不带格式填充"单选项。

STEP 3 查看自动填充函数的效果

在 I5:I15 单元格区域内将自动填充函数，并计算出结果。

3. 应用嵌套函数

嵌套函数是使用函数时非常常见的一种操作，它是指某个函数或公式以函数参数的形式参与计算的情况。在使用嵌套函数时应该注意返回值类型需要符合外部函数的参数类型。下面在"新员工"工作表中使用嵌套函数计算数据，其具体操作步骤如下。

STEP 1 选择单元格

❶在"新员工"工作表中选择 K4 单元格；❷在编辑栏中单击"插入函数"按钮。

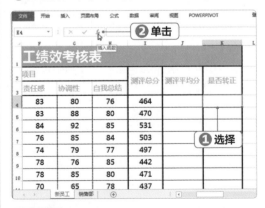

STEP 2 选择函数

❶打开"插入函数"对话框，在"选择函数"列表框中选择"IF"选项；❷单击"确定"按钮。

STEP 3　嵌套函数

❶打开"函数参数"对话框，在"Logical_test"文本框中输入"SUM(C4:H4) >=490"；❷在"Value_if_true"文本框中输入"转正"；❸在"Value_if_false"文本框中输入"辞退"；❹单击"确定"按钮。

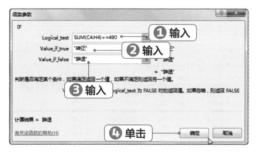

STEP 4　查看计算结果

在 K4 单元格中即可看到计算的结果。

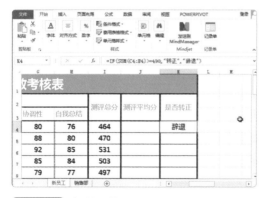

STEP 5　复制函数

❶使用填充的方式将函数复制到 K5:K15 单元格区域；❷单击"自动填充选项"按钮；❸在

打开的下拉列表中单击选中"不带格式填充"单选项。

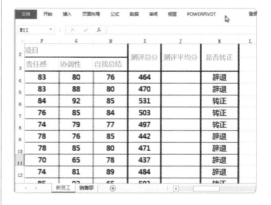

STEP 6　查看自动填充函数效果

在 K5:K15 单元格区域内将自动填充函数，并计算出结果。

项目			测评总分	测评平均分	是否转正
责任感	协调性	自我总结			
83	80	76	464		辞退
83	88	80	470		辞退
84	92	85	531		转正
76	85	84	503		转正
74	79	77	497		转正
78	76	85	442		辞退
78	85	80	471		辞退
70	65	78	437		辞退
74	81	89	484		辞退

4.　定义与使用名称

定义与使用名称的操作与在公式中引用定义了名称的单元格相似，定义名称可以简化函数参数，提高函数的使用效率。下面在"绩效考核表 .xlsx"工作簿的"新员工"工作表中定义与使用名称，其具体操作步骤如下。

STEP 1　选择单元格区域

❶在"绩效考核表 .xlsx"工作簿中单击"新员工"工作表标签后，选择 C4:C15 单元格区域；❷在【公式】/【定义的名称】组中单击"定义名称"按钮。

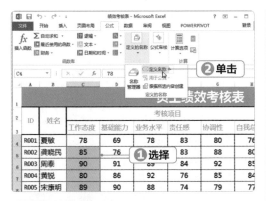

STEP 2 定义名称

❶打开"新建名称"对话框，在"名称"文本框中输入"工作态度"；❷单击"确定"按钮。

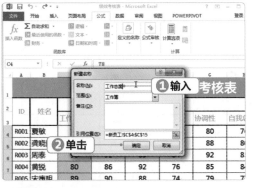

STEP 3 定义名称

❶选择 D4:D15 单元格区域；❷将鼠标光标定位到编辑栏的"名称框"中，输入定义名称"基础能力"后按【Enter】键确认。

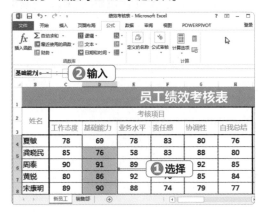

STEP 4 定义其他单元格名称

用同样的方法将 E4:E15、F4:F15、G4:G15、H4:H15 单元格区域分别定义为"业务水平""责任感""协调性""自我总结"。在【公式】/【定义的名称】组中单击"名称管理器"按钮。

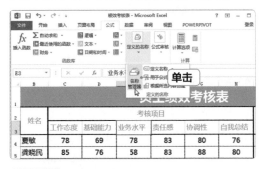

STEP 5 查看定义的名称

打开"名称管理器"对话框，在其中即可看到定义名称的相关内容，单击"关闭"按钮。

STEP 6 选择单元格

❶选择 J4 单元格；❷在编辑栏中单击"插入函数"按钮。

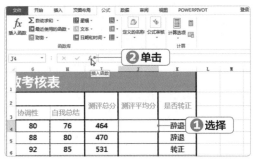

STEP 7 选择函数

❶打开"插入函数"对话框,在"选择函数"列表框中选择"SUM"选项;❷单击"确定"按钮。

STEP 8 设置函数参数

❶打开"函数参数"对话框,在"Number1"文本框中输入"工作态度 + 基础能力 + 业务水平 + 责任感 + 协调性 + 自我总结";❷单击"确定"按钮。

STEP 9 查看计算结果

按【Enter】键得出计算结果。

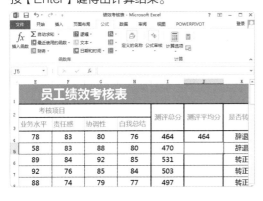

 操作解谜

定义名称的注意事项

名称中第一个字符必须是字母、文字或小数点;定义的名称最多可以包含255个字符,但不允许有空格;名称不能使用类似单元格引用地址的格式以及Excel中的一些固定词汇,如C$10、H3:C8、函数名和宏名等。

STEP 10 复制函数

❶将鼠标光标移动到I4 单元格右下角的填充柄上,按住鼠标左键不放并拖动至I15 单元格,释放鼠标即可通过填充方式快速将公式复制到I5:I15 单元格区域中;❷单击"自动填充选项"按钮;❸在打开的下拉列表中单击选中"不带格式填充"单选项。

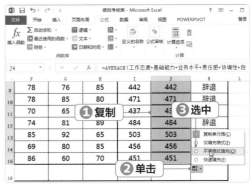

STEP 11 查看自动填充函数效果

在 J5:J15 单元格区域内将自动填充函数,并计算出结果。

3.2.2 常用函数的应用

Excel 中提供了多种函数类别，如财务函数、逻辑函数、文本函数、日期和时间函数、查找与引用函数、数字和三角函数等。在日常办公中比较常用的包括求和函数 SUM、平均值函数 AVERAGE、最大 / 小值函数 MAX/MIN 等。

微课：常用函数的应用

第2部分

1. 求和函数 SUM

求和函数用于计算两个或两个以上单元格的数值之和，是 Excel 数据表中使用最频繁的函数。下面在"销售部"工作表中使用求和函数，其具体操作步骤如下。

STEP 1 选择单元格

❶在"销售部"工作表中选择 E3 单元格；❷在【公式】/【函数库】组中单击"插入函数"按钮。

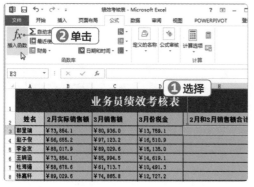

操作解谜

求和函数的语法结构及其参数

SUM(number1,number2…)，number1,number2…为1~255个需要求和的数值参数。"=SUM(A1:A3)"表示计算A1:A3单元格区域中所有数字的和；"=SUM(B3,D3,F3)"表示计算B3、D3、F3单元格中的数字之和；"=SUM(2,3)"表示计算"2+3"的和；"=SUM(A4-I5)"表示计算A4单元格与I5单元格中的数值之差。

STEP 2 选择函数

❶打开"插入函数"对话框，在"选择函数"列表框中选择"SUM"选项；❷单击"确定"按钮。

STEP 3 打开"函数参数"对话框

打开"函数参数"对话框，单击"Number1"文本框中右侧的"收缩"按钮。

STEP 4 设置函数参数

❶"函数参数"对话框将自动折叠，在"销售部"工作表中选择 B3 单元格；❷在折叠的"函数参数"对话框中单击右侧的"展开"按钮。

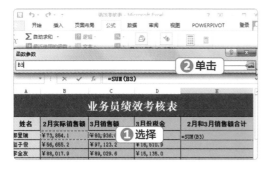

② 单击

① 选择

STEP 5　函数参数设置

① 在"Number2"文本框中输入公式"C3-D3";
② 单击"确定"按钮。

① 输入

② 单击

STEP 6　查看计算结果

返回 Excel 工作界面，即可在 E3 单元格中看
到利用求和函数得出的计算结果。

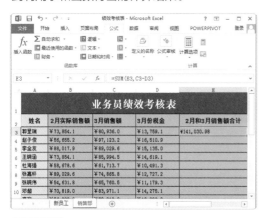

STEP 7　复制函数

拖动填充柄将函数复制到E4:E27单元格区域。
此时，E4:E27 单元格区域将自动填充求和函
数，并计算出结果。

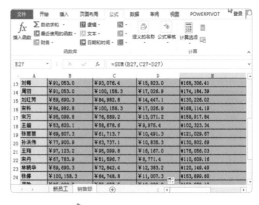

技巧秒杀

自动求和函数

如果工作表中需要求和的单元格位于同一
行或同一列中，那么，可以单击【公式】/
【函数库】组中的"自动求和"按钮进行
自动求和。注意，在使用自动求和功能
时，不能跨行、跨列或行列交错求和。

2.　求平均值函数 AVERAGE

平均值函数用于计算两个或以上单元格的
平均值，相当于使用公式将若干个单元格数据
相加后再除以单元格个数。下面在"绩效考核
表 .xlsx"工作簿的"销售部"工作表中利用平
均值函数计算数据，其具体操作步骤如下。

STEP 1　定义名称

① 在"销售部"工作表中选择 C3:C27 单元格
区域；② 在编辑栏的"名称框"中输入单元格
名称"销售额 3 月份"。

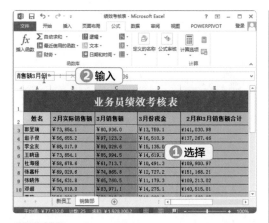

STEP 2　自动求平均值

❶在"销售部"工作表中选择 D28 单元格；
❷在【公式】/【函数库】组中单击"自动求和"按钮右侧的下拉按钮；❸在打开的下拉列表中选择"平均值"选项。

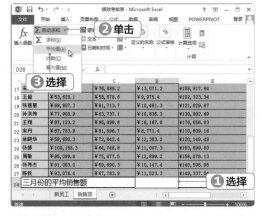

STEP 3　修改函数

此时，"AVERAGE"函数将自动对"3月份税金"求平均值，单击编辑栏中的"插入函数"按钮。

操作解谜

平均值函数的语法结构及其参数

AVERAGE(number1,number2···)，
number1,number2···为1~255个需要计算平均值的数值参数。

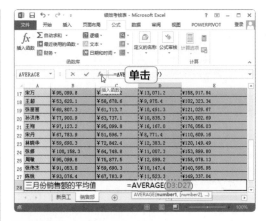

STEP 4　设置函数参数

❶打开"函数参数"对话框，在"Number1"文本框中输入定义名称"销售额 3 月份"；
❷单击"确定"按钮。

STEP 5　查看计算结果

返回 Excel 工作界面，即可在 D28 单元格中看到利用平均值函数得出的计算结果。

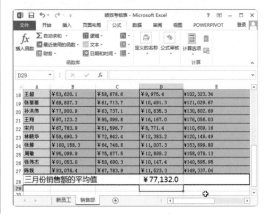

技巧秒杀

快速计算平均值

如果只希望查看工作表中某一单元格区域的计算结果，而不需要实际求解时，可以拖动鼠标选择要计算的单元格区域，此时，Excel工作界面的状态栏会自动显示该区域的平均值、求和、计数等信息。

	A	B	C	D	E
18	王超	¥53,620.1	¥58,678.6	¥9,975.4	¥102,323.34
19	张丽丽	¥69,807.3	¥61,713.7	¥10,491.3	¥121,029.67
20	孙洪伟	¥77,900.9	¥63,737.1	¥10,835.3	¥130,802.69
21	王翔	¥77,123.2	¥95,099.8	¥16,167.0	¥176,056.03
22	宋丹	¥67,783.9	¥51,596.7	¥8,771.4	¥110,609.16
23	林晓华	¥59,690.3	¥72,842.4	¥12,383.2	¥120,149.49
24	张静	¥100,158.3	¥64,748.8	¥11,007.3	¥153,899.80
25	周敏	¥95,099.8	¥75,877.5	¥12,899.2	¥158,078.13
26	张伟杰	¥91,063.0	¥59,690.3	¥10,147.4	¥140,595.95
27	陈锐	¥93,076.4	¥67,783.9	¥11,523.3	¥149,337.04
28	三月份销售额的平均值		¥77,132.0		

平均值：¥78,386.5 计数：25 求和：¥1,959,662.9 | 100%

3. 最大值函数 MAX 和最小值函数 MIN

最大值函数用于返回一组数据中的最大值，最小值函数用于返回一组数据中的最小值。下面在"新员工"工作表中使用最大值和最小值函数，其具体操作步骤如下。

STEP 1　选择单元格

❶ 在"新员工"工作表中选择 C16 单元格；
❷ 在【公式】/【函数库】组中单击"插入函数"按钮。

	A	B	C	D	E	F	G
10	R007	刘金国	80	66	82	78	85
11	R008	马俊良	77	68	79	70	65
12	R009	周恒	66	84	90	74	81
13	R010	孙承斌	87	84	90	85	92
14	R011	罗长明	76	72	74	69	80
15	R012	毛登庚	72	85	78	86	60
	各项最高分						

❶ 选择

STEP 2　选择函数

❶ 打开"插入函数"对话框，在"选择函数"列表框中选择"MAX"选项；❷ 单击"确定"

操作解谜

最大/小值函数的语法结构及其参数

MAX/MIN(number1,number2…)，number1,number2…为1~255个需要计算大/小值的数值参数。

STEP 3　设置函数参数

打开"函数参数"对话框，在"Number1"文本框中自动显示了求最大值的单元格区域，确认无误后，单击"确定"按钮。

技巧秒杀

自动求最大值

如果要计算的单元格连续，且存放结果的单元格与之相邻，那么可以单击【公式】/【函数库】组中的"自动求和"按钮右侧的下拉按钮，在打开的下拉列表中选择"最大值"选项进行自动求最大值。

STEP 4 查看计算最大值的结果

返回 Excel 工作界面，即可在 C16 单元格中看到使用最大值函数计算出的结果。

STEP 5 复制函数

❶将函数复制到 D16:H16 单元格区域；❷单击"自动填充选项"按钮；❸在打开的下拉列表中单击选中"不带格式填充"单选项。

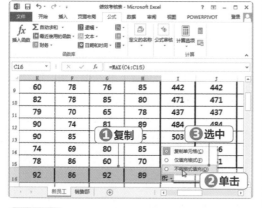

STEP 6 查看自动填充平均值函数效果

在 D16:H16 单元格区域内将自动填充最大值函数，并计算出结果。

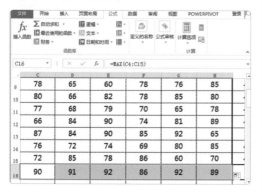

STEP 7 插入函数

❶选择"新员工"工作表中的 C17 单元格；❷单击编辑栏中的"插入函数"按钮。

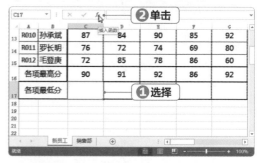

STEP 8 选择最小值函数

❶打开"插入函数"对话框，在"或选择类别"下拉列表框中选择"统计"选项；❷在"选择函数"列表框中选择"MIN"选项；❸单击"确定"按钮。

STEP 9 设置函数参数

❶打开"函数参数"对话框，在"Number1"文本框中输入"工作态度"；❷单击"确定"按钮。

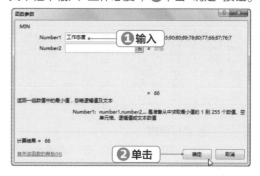

STEP 10 查看计算最小值的结果

返回 Excel 工作界面，即可在 C17 单元格中看到使用最小值函数计算出的结果。

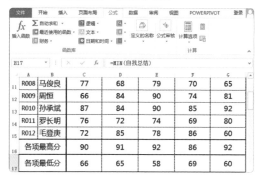

	A	B	C	D	E	F	G
11	R008	马俊良	77	68	79	70	65
12	R009	周恒	66	84	90	74	81
13	R010	孙承斌	87	84	90	85	92
14	R011	罗长明	76	72	74	69	80
15	R012	毛登庚	72	85	78	86	60
16		各项最高分	90	91	92	86	92
17		各项最低分	66				

STEP 11 计算其他项目的最小值

用同样的方法在 D16:H16 单元格区域分别计算出"基础能力""业务水平""责任感""协调性""自我总结"的最小值。

	A	B	C	D	E	F	G
11	R008	马俊良	77	68	79	70	65
12	R009	周恒	66	84	90	74	81
13	R010	孙承斌	87	84	90	85	92
14	R011	罗长明	76	72	74	69	80
15	R012	毛登庚	72	85	78	86	60
16		各项最高分	90	91	92	86	92
17		各项最低分	66	65	58	69	60

操作解谜

本例不能使用复制函数的操作

本例中如果复制 C17 单元格中的函数到 D16:H16 单元格区域，结果都一样，因为这里的参数是定义了名称的单元格，复制的函数将保持 C17 单元格中函数的参数。如果在 C17 单元格中输入的函数为"=MIN（C4:C15）"，则可以使用复制函数的方式为 D16:H16 单元格区域计算结果。

技巧秒杀

快速查找所需函数

如果不知道函数的分类，且所需使用的函数又不是常用函数，则按【Shift+F3】组合键，快速打开"插入函数"对话框，在"搜索函数"文本框中输入要查找函数的条件，单击"转到"按钮，就可以查到包含查找条件的所有函数。例如，在"搜索函数"文本框中输入"个数"，单击"转到"按钮，就可以在"选择函数"列表框中查找到与计算个数相关的函数。

新手加油站 ——公式和函数的基本操作技巧

1. 认识使用公式时的常见错误值

在单元格中输入错误的公式可能导致错误值的出现，如在需要输入数字的公式中输入文本、删除公式引用的单元格或者使用了宽度不足以显示结果的单元格等。通常在进行了这些操作后，单元格将显示一个错误值，如 ####、#VALUE! 等。下面介绍产生这些错误值的原因及其解决方法。

- 出现错误值 ####：如果单元格中所含的数字、日期或时间超过单元格宽度，或单元格的日期时间产生了一个负值，就会出现 #### 错误。解决方法是增加单元格列宽、应用不同的数字格式、保证日期与时间公式的正确性。
- 出现错误值 #VALUE!：当使用的参数或操作类型错误，或者当公式自动更正功能不能更正公式，如公式需要数字或逻辑值（如 TRUE 或 FALSE）时，却输入了文本，

将产生 #VALUE! 错误。解决方法是确认公式或函数所需的运算符或参数是否正确，公式引用的单元格中是否包含有效的数值。如单元格 A1 包含一个数字，单元格 B1 包含文本"单位"，则公式 =A1+B1 将产生 #VALUE! 错误。

- 出现错误值 #N/A：当在公式中没有可用数值时，将产生错误值 #N/A。如果工作表中某些单元格没有数值，可以在单元格中输入 #N/A，公式在引用这些单元格时，将不进行数值计算，而是返回 #N/A。

- 出现错误值 #REF!：当单元格引用无效时将产生错误值 #REF!，产生的原因是删除了其他公式所引用的单元格，或将已移动的单元格粘贴到其他公式所引用的单元格中，解决方法是更改公式或恢复工作表中被更改移动的单元格。

- 出现错误值 #NUM!：通常公式或函数中使用无效数字值时，将出现这种错误。产生的原因是在需要数字参数的函数中使用了无法接受的参数，解决方法是确保函数中使用的参数是数字。例如，即使需要输入的值是"$2,000"，也应在公式中输入"2000"。

2. 快速输入公式

如果需要在其单元格区域录入格式相同的公式，可以先选择该单元格区域，然后按【F2】键进入公式录入状态，在鼠标光标插入处输入公式内容，完成公式录入后按【Ctrl+Enter】组合键，这样就可以在所选择区域内的所有单元格中输入同一公式。用相同的方法还可以选择多个不相邻的单元格区域来进行公式录入操作。

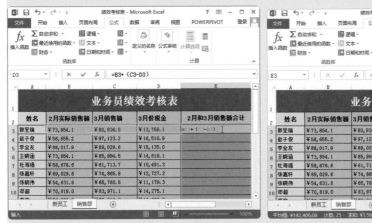
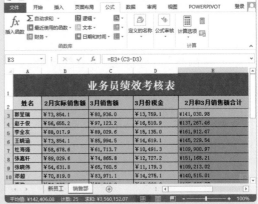

3. 修改参与公式计算的单元格

在 Excel 表格中使用公式或函数后，如果希望修改参与计算的单元格，除可以直接在编辑栏修改和通过"插入函数"对话框来更改外，还可以采用更为直观的方式进行操作，即拖动鼠标重新选择需引用的单元格。方法是：在工作表中选择需要编辑的含公式的单元格后，将鼠标光标定位到编辑栏中，此时，被引用的单元格将显示不同颜色的边框。将鼠标光标定位到要更改的单元格的四个角的任意一个角上，当鼠标光标变为双向箭头样式后，拖动鼠标即可快速更改所选单元格区域，最后按【Enter】键确认修改操作。

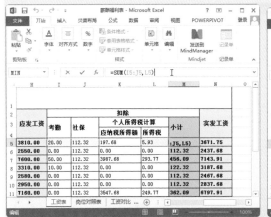 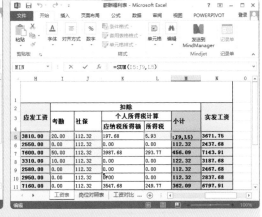

4. 返回列标和行号

COLUMN 函数、ROW 函数分别用于返回引用的列标、行号，语法结构分别为 COLUMN(reference) 和 ROW(reference)。在这两个函数中都有一个共同的参数 "reference"，该参数表示需要得到其列标、行号的单元格，在使用该函数时，"reference" 参数可以引用单元格，但是不能引用多个区域，当引用的是单元格区域时，将返回引用区域第 1 个单元格的列标。

	A	B	C
1	函数	结果	含义
2	=COLUMN(B7)	2	单元格B7位于第2列
3	=COLUMN(A5)	1	单元格A5位于第1列
4			
5	=ROW()	5	函数所在行的行号
6	=ROW(C11)	11	引用C11单元格所在行的行号

如果在 A1 单元格中输入函数 "=COLUMN(A1:C1)"，按【Enter】键后，再选择 A3:C3 单元格区域并按【F2】键，接着再按【Ctrl+Shift+Enter】组合键，可以在 A3:C3 单元格区域中一次返回 A1:C1 单元格区域的列号。

 高手竞技场 ——公式和函数的基本操作练习

1. 计算"绩效评比表"工作簿

打开"绩效评比表 .xlsx"工作簿，计算其中的数据，要求如下。

- "绩效评比表"中加分与扣分的原因直接引用工作表中相应的评比规定单元格。
- 利用公式计算绩效奖，其中加分每分 100 元，扣分每分 80 元。
- 利用自动求和函数对绩效奖总奖金进行求和。
- 利用"公式审核"组中的"错误检查"按钮，对输入的公式进行审核。

2. 计算"员工培训成绩表"工作簿

打开"员工培训成绩表.xlsx"工作簿，计算其中的数据，要求如下。

- 利用 SUM 函数计算总成绩。
- 利用 AVERAGE 函数计算平均成绩。
- 利用 IF 函数和嵌套划分等级，等级划分的要求为：平均成绩小于 60 分显示"差"，平均成绩小于 80 分且大于等于 60 分显示"一般"，平均成绩小于 90 分且大于等于 80 分显示"良"，平均成绩大于等于 90 分显示"优"。

第4章

逻辑和文本函数的应用

/ 本章导读

　　Excel 提供的函数种类有很多，除前面介绍的一些常用函数外，本章中还将介绍几种最常用的逻辑和文本函数，如 AND 函数、NOT 函数、OR 函数、MID 函数、LEN 函数和 RIGHT 函数等。掌握了这些函数的使用方法后，灵活应用于工作中，可以大大提高工作效率。

4.1 计算"测试成绩表"

公司刚刚签定了一个涉外的项目，需要有一定英语基础的人员进行对外沟通，尤其需要口语能力较强的人员。为此，人力资源部对销售部的全体员工进行了一次简单的英语水平测试，并将最终的测试结果全部提供给了小姚，希望小姚能通过 Excel 软件从中筛选出最适合的人员。下面通过逻辑和文本函数对"测试成绩表"工作簿进行计算。

4.1.1 逻辑运算函数

逻辑运算函数通常用来测试真假值，在 Excel 中常用的逻辑运算函数有 AND、OR 和 NOT 3 种。下面在"测试成绩表 .xlsx"工作簿中详细介绍这 3 种函数的使用方法。

微课：逻辑运算函数

1. AND 函数

AND 函数的一种常见用途是扩大用于执行逻辑检验的其他函数的效用，当所有参数的计算结果为 TRUE 时，返回 TRUE；只要有一个参数的计算结果为 FALSE，即返回 FALSE。下面在"测试成绩表 .xlsx"工作簿的"第 1 组"工作表中判断测试人员是否合格，其具体操作步骤如下。

STEP 1　选择单元格

❶打开"测试成绩表 .xlsx"工作簿，在"第 1 组"工作表中选择 E4 单元格；❷单击【公式】/【函数库】组中的"插入函数"按钮。

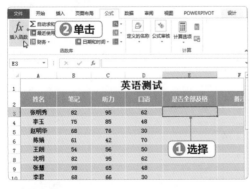

STEP 2　选择函数

❶打开"插入函数"对话框，在"或选择类别"

下拉列表框中选择"逻辑"选项；❷在"选择函数"列表框中选择"AND"选项；❸单击"确定"按钮。

操作解谜

AND 函数的语法结构及其参数

AND 函数的语法结构为：AND（logical1,logical2…）。其中logical1，logical2…是1~255个待检测的条件，它们可以为TRUE或FALSE。

STEP 3　设置函数参数

❶打开"函数参数"对话框，分别在"Logical1""Logical2""Logical3"文本框中输入"B3>60"

第2部分

"C3>60" "D3>60"；❷单击"确定"按钮，
完成函数输入操作。

STEP 4　复制函数

❶将函数复制到 E4:E17 单元格区域；❷单击
"自动填充选项"按钮；❸在打开的下拉列表
中单击选中"不带格式填充"单选项。

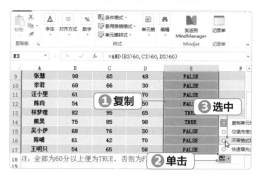

2. OR 函数

　　AND 函数表示"和"，它要求所有的
参数都为真时，结果才是真。OR 函数表示
"或"，在其参数组中，任何一个参数逻辑值为
TRUE，即返回 TRUE；任何一个参数的逻辑
值为 FALSE，即返回 FALSE。下面在"测试
成绩表 .xlsx"工作簿的"第 2 组"工作表中判
断部分合格的测试人员，其具体操作步骤如下。

STEP 1　选择函数

❶切换到"第 2 组"工作表，并选择"E3"单
元格；❷按【Shift+F3】组合键打开"插入函数"
对话框，在"选择函数"列表框中选择"OR"
选项；❸单击"确定"按钮。

STEP 2　设置函数参数

❶打开"函数参数"对话框，分别在"Logical1"
"Logical2""Logical3"文本框中输入"B3>60"
"C3>60" "D3>60"；❷单击"确定"按钮，
完成函数输入操作。

STEP 3　查看计算结果

返回 Excel 工作界面，即可在 E3 单元格中看
到利用 OR 函数计算出的结果。

STEP 4　填充公式

将函数填充到 E4:E12 单元格区域，利用"自
动填充选项"按钮设置不带格式填充。

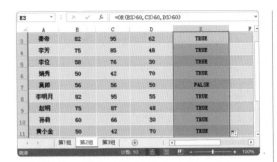

操作解谜

OR 函数的语法结构及其参数

OR函数的语法结构为：OR(logical1, logical2…)。其中logical1，logical2…是1~255个需要进行测试的条件，测试结果可以为TRUE或FALSE。

3. NOT 函数

NOT 函数是对参数值求反。当要确保一个值不等于某一特定值时，可以使用 NOT 函数。下面在"测试成绩表 .xlsx"工作簿的"第 3 组"工作表中应用该函数，其具体操作步骤如下。

STEP 1 选择函数

❶切换到"第 3 组"工作表后，选择 F3 单元格；❷打开"插入函数"对话框，在"选择函数"列表框中选择"NOT"选项；❸单击"确定"按钮。

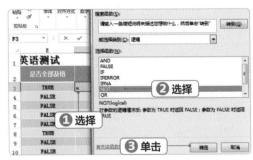

STEP 2 设置参数

❶打开"函数参数"对话框，在"Logical"文本框中输入"E3"；❷单击"确定"按钮。

STEP 3 查看计算结果

返回 Excel 工作界面，即可在 F3 单元格中看到利用 NOT 函数计算出的结果。

STEP 4 填充公式

将函数填充到 F4:F17 单元格区域，利用"自动填充选项"按钮设置其不带格式填充。

操作解谜

NOT 函数的语法结构及其参数

NOT函数的语法结构为：NOT(logical)，参数logical为一个可以计算出TRUE或FALSE的逻辑值或逻辑表达式。如果逻辑值为FALSE，函数NOT返回TRUE；如果逻辑值为TRUE，则返回FALSE。

4.1.2 逻辑判断函数

微课：逻辑判断函数

逻辑判断函数是指进行真假值判断，或者进行复合检验的一类逻辑函数。最常用的逻辑判断函数是 IF 函数，使用该函数可以确定条件为真还是假，并由此返回不同的数值。下面在"测试成绩表 .xlsx"工作簿中使用 IF 函数进行逻辑判断，其具体操作步骤如下。

STEP 1 选择函数

❶在"第 3 组"工作表中选择"G3"单元格；❷打开"插入函数"对话框，在"选择函数"列表框中选择"IF"选项；❸单击"确定"按钮。

操作解谜

IF 函数的语法结构及其参数

IF函数的语法结构为：IF(logical_test,[value_if_true],[value_if_false])，其中，各参数含义分别为：logical_test，表示预设的条件，IF函数根据logical_test的值来进行判定返回的值；value_if_true，表示条件logical_test成立时返回的值；value_if_false，表示条件logical_test不成立时返回的值。

STEP 2 设置函数参数

❶打开"函数参数"对话框，分别在"Logical_test""Value_if_true""Value_if_false"文本框中输入"OR(D3>90,AND(B3>80,C3>80))""复试""淘汰"；❷单击"确定"按钮。

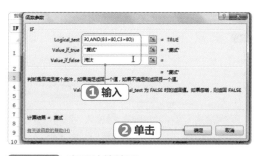

STEP 3 查看计算结果

返回 Excel 工作界面，在 G3 单元格中查看利用 IF 函数计算出的结果。该结果的含义是，当"口语大于 90"或"笔记"和"听力"同时大于 80，满足这两个条件中的任意一个时就返回"复试"结果，否则就返回"淘汰"结果。

STEP 4 填充公式

将函数填充到 G5:G17 单元格区域，利用"自动填充选项"按钮设置其不带格式填充。

STEP 5 输入函数

❶在"第1组"工作表中选择 F3 单元格；❷将鼠标光标定位到编辑框中，并输入 IF 函数 "=IF(OR(B3>80,C3>80,D3>80),"复试","淘汰")"，表示当"笔记""听力""口语"3 项同时大于 80 时，才能进入复试，否则淘汰。

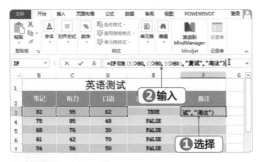

STEP 6 查看计算结果

按【Enter】键，即可在 F3 单元格中显示最终计算结果。

STEP 7 填充公式

将函数填充到 F4:F17 单元格区域，利用"自动填充选项"按钮设置不带格式填充。

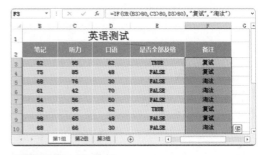

STEP 8 计算数据

按照相同的操作方法，结合 IF 函数和 AND 函数，判定"第2组"工作表中"笔记"和"听力"同时大于 70 的人员进入复试，否则淘汰，并将最终计算结果显示在F3:F12单元格区域。

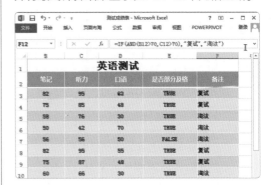

4.2 编辑"客户信息表"

客户信息表是企业销售及市场人员的必备表格，用于建立客户信息档案数据库，通过该表，可以即时对不同等级客户进行跟进和维护。编辑"客户信息表"涉及的操作主要有客户身份证号码有效性的验证、客户等级的划分、客户地址的录入等，这些操作均可以通过文本函数来快速完成。

4.2.1 获取特定文本信息

在处理工作表中的数据时经常需要对文本进行提取、代替、返回特定的字符等操作，这时需要用到文本函数。文本函数是主要针对文本字符串进行一系列相关操作的函数。下面介绍可以获取特定信息的文本函数，如 CONCATENATE 函数、LEN 函数、RIGHT 函数以及 MID 函数等。

微课：获取特定文本信息

第2部分

1. CONCATENATE 函数

CONCATENATE 函数可将两个或多个文本字符串合并为一个文本字符串。下面在"客户信息表 .xlsx"工作簿的"Sheet1"工作表中利用该函数来输入客户的称谓，其具体操作步骤如下。

STEP 1　选择单元格

❶打开"客户信息表 .xlsx"工作簿，单击"Sheet1"工作表标签；❷选择 K3 单元格；❸单击编辑栏中的"插入函数"按钮。

STEP 2　选择函数

❶打开"插入函数"对话框，在"或选择类别"下拉列表框中选择"文本"选项；❷在"选择函数"列表框中选择"CONCATENATE"选项；❸单击"确定"按钮。

STEP 3　设置参数

❶打开"函数参数"对话框，分别在"Text1"

"Text2""Text3"文本框中输入"D3""——""G3"；❷单击"确定"按钮。

操作解谜

合并字符串函数的语法结构及其参数

CONCATENATE(text1,text2…)：其中参数 text1，text2…为 2~255 个将要合并成单个文本项的文本项。这些文本项可以为文本字符串、数字或对单个单元格的引用。

STEP 4　填充函数

将函数填充到 K4:K15 单元格区域，利用"自动填充选项"按钮设置其不带格式填充。

2. LEN 函数

LEN 函数用于返回文本字符串中的字符数，同时面向使用单字节字符集（SBCS）的语言。下面在"客户信息表 .xlsx"工作簿的"Sheet1"工作表中，利用该函数来检验输入的 18 位身份证号码是否正确，其具体操作步骤如下。

第2部分

STEP 1 选择单元格

❶选择"Sheet1"工作表中的 F3 单元格；
❷单击【公式】/【函数库】组中的"插入函数"
按钮。

STEP 2 选择函数

❶打开"插入函数"对话框，在"或选择类别"
下拉列表框中选择"常用函数"选项；❷在"选
择函数"列表框中选择"IF"选项；❸单击"确
定"按钮。

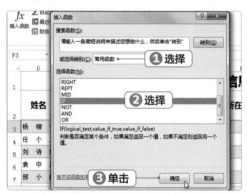

操作解谜

LEN 函数的语法结构及其参数

LEN函数的语法结构为：LEN(text)，其
中text是要查找其长度的文本，空格也将作为
字符进行计数。

STEP 3 设置参数

❶打开"函数参数"对话框，在"Logical_

test"文本框中输入"LEN(E3)=18"；❷在
"Value_if_true"文本框中输入"TRUE"；
❸在"Value_if_false"文本框中输入"FALSE"；
❹单击"确定"按钮。

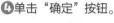

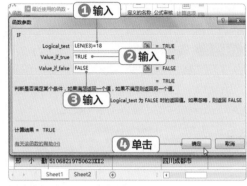

STEP 4 查看计算结果

返回 Excel 工作界面，即可在 F3 单元格中查
看身份证号码判断结果。

STEP 5 填充函数

将函数填充到 F4:F15 单元格区域，利用"自
动填充选项"按钮设置其不带格式填充。

3. RIGHT 函数

RIGHT 函数用于返回文本字符串中最后一个字符或几个字符。下面在"客户信息表 .xlsx"工作簿的"Sheet1"工作表中，利用该函数来输入客户所在城市，其具体操作步骤如下。

STEP 1 选择单元格

在"Sheet1"工作表中选择 H3 单元格。

STEP 2 选择函数

❶按【Shift+F3】组合键，打开"插入函数"对话框，在"或选择类别"下拉列表框中选择"文本"选项；❷在"选择函数"列表框中选择"RIGHT"选项；❸单击"确定"按钮。

STEP 3 设置参数

❶打开"函数参数"对话框，在"Text"文本框中输入"G3"；❷在"Num_chars"文本框中输入要返回的字符个数，这里输入"3"；❸单击"确定"按钮。

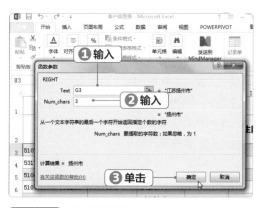

STEP 4 查看计算结果

返回 Excel 工作界面，即可在 H3 单元格中查看利用 RIGHT 函数提取的客户所在城市的信息。

STEP 5 填充函数

将函数填充到 H4:H15 单元格区域，利用"自动填充选项"按钮设置其不带格式填充。

第 **4** 章 逻辑和文本函数的应用

89

4. MID 函数

　　MID 函数用于返回文本字符串中从指定位置开始的特定数目的字符，该数目由用户指定。下面在"客户信息表 .xlsx"工作簿的"Sheet1"工作表中，利用该函数来提取客户的出生日期，其具体操作步骤如下。

STEP 1 选择单元格

在"Sheet1"工作表中选择 I3 单元格。

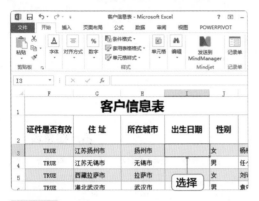

STEP 2 选择函数

❶打开"插入函数"对话框，在"或选择类别"下拉列表框中选择"文本"选项；❷在"选择函数"列表框中选择"MID"选项；❸单击"确定"按钮。

STEP 3 设置参数

❶打开"函数参数"对话框，在"Text"文本框中输入"E3"；❷在"Start_num"文本框中输入要提取的第一个字符的位置，这里输入

"7"；❸在"Num_chars"文本框中输入返回字符的个数，这里输入"8"；❹单击"确定"按钮。

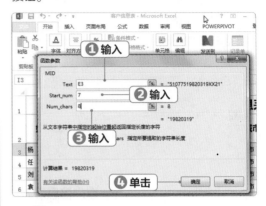

操作解谜

MID 函数的语法结构及其参数

　　MID(text,start_num,num_chars)中，text表示包含要提取字符的文本字符串；start_num表示文本中要提取的第一个字符的位置，文本中第一个字符的start_num为1，以此类推；num_chars表示指定希望MID函数从文本中返回字符的个数。

STEP 4 查看计算结果

返回 Excel 工作界面，即可在 I3 单元格中查看利用 MID 函数提取的客户出生日期。

STEP 5 填充函数

将函数填充到 I4:I15 单元格区域，利用"自动填充选项"按钮设置其不带格式填充。

第2部分

5. VALUE 函数

VALUE 函数可把能代表数字的文本转换为数字，数字返回本身，逻辑值和其他未代表数字的文本返回 #VALUE!。下面在"客户信息表 .xlsx"工作簿的"Sheet2"工作表中，利用该函数将文本形态的数字转换为数字，以便进行计算，其具体操作步骤如下。

STEP 1 选择单元格

❶单击"Sheet2"工作表标签；❷此时 F 列单元格的左上角都有一个绿色小三角形，表示该列数字是以文本格式显示，无法进行求和，选择 F15 单元格。

STEP 2 选择函数

❶打开"插入函数"对话框，在"或选择类别"下拉列表框中选择"文本"选项；❷在"选择

函数"列表框中选择"VALUE"选项；❸单击"确定"按钮。

操作解谜

VALUE 函数的语法结构及其参数

VALUE(text)中的参数text为带引号的文本，或对需要进行文本转换的单元格的引用，可以是Excel中可识别的任意常数、日期或时间格式。

STEP 3 设置参数

❶打开"函数参数"对话框，在"Text"文本框中输入"F2+F3+F4+F5+F6+F7+F8+F9+F10+F11+F12+F13+F14"；❷单击"确定"按钮。

STEP 4 查看计算结果

返回 Excel 工作界面，即可在 F15 单元格中查

看利用 VALUE 函数转换为数字进行求和计算的结果。

技巧秒杀

快速将文本形式转换为数字

由于以文本形式存储的数字是无法进行运算的，因此，需要采用一定的方法对其进行转换。除使用 VALUE 函数外，还可以选择左上角有一个绿色小三角形的单元格。此时，单元格左上角将出现一个"警示"图标，单击该图标，在打开的下拉列表中选择"转换为数字"选项，即可将文本形式的数字转换为数字格式。

4.2.2 获取其他文本信息

Excel 中提供的文本函数，除前面介绍的 5 种外，还包括一些可以获取其他文本信息的常用函数，如 EXACT 函数、REPT 函数、FIND 函数等。下面分别介绍使用方法。

微课：获取其他文本信息

1. EXACT 函数

EXACT 函数用于比较两个字符串，如果它们完全相同，则返回 TRUE；否则，返回 FALSE。下面在"客户信息表 .xlsx"工作簿的"Sheet1"工作表中，利用该函数比较客户编号，其具体操作步骤如下。

STEP 1　选择单元格

❶单击"Sheet1"工作表标签；❷选择 C3 单元格。

STEP 2　选择函数

❶打开"插入函数"对话框，在"或选择类别"下拉列表框中选择"文本"选项；❷在"选择函数"列表框中选择"EXACT"选项；❸单击"确定"按钮。

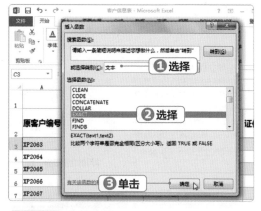

STEP 3　设置参数

❶打开"函数参数"对话框，分别在"Text1""Text2"文本框中输入"A3""B3"；❷单击"确定"按钮。

第 2 部分

操作解谜

EXACT 函数语法结构及其参数

EXACT(text1,text2)中的text1为待比较的第一个字符串，text2为待比较的第二个字符串。利用EXACT函数可以测试在文档内输入的文本。需要注意的是，EXACT函数区分大小写，但忽略格式上的差异。

STEP 4 查看计算结果

返回 Excel 工作界面，即可在 C3 单元格中查看原客户编号与新拟定客户编号的比较结果。

STEP 5 填充函数

将函数填充到 C4:C15 单元格区域，利用"自动填充选项"按钮设置其不带格式填充。

操作解谜

EXACT 函数与 IF 函数的区别

EXACT函数和IF函数都可以用于比较两个文本字符串，但返回的值却有所差异。EXACT函数要区分大小写，但忽略格式上的差异；IF函数既不区分大小写，也不区别格式上的差异。

	字符串1	字符串2	EXACT函数判断	IF函数判断
1				
2	企划商会	企划商会	TRUE	TRUE
3	软件技术21(公司)	软件技术22(公司)	FALSE	FALSE
4	microsoft	Microsoft	FALSE	TRUE
5	PorA公司	PORA公司	FALSE	TRUE
6	软件	软件	TRUE	TRUE

2. REPT 函数

REPT 函数是按照给定的次数重复显示文本。一般可以通过 REPT 函数来不断地重复显示某一文本字符串，对单元格进行填充。下面在"客户信息表 .xlsx"工作簿的"Sheet1"工作表中，利用该函数填充"客户等级"，其具体操作步骤如下。

STEP 1 选择单元格

在"Sheet1"工作表中，选择 M3 单元格。

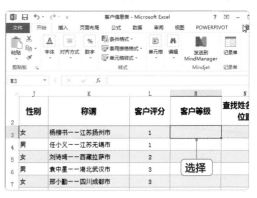

STEP 2 选择函数

❶打开"插入函数"对话框，在"或选择类别"下拉列表框中选择"文本"选项；❷在"选择

函数"列表框中选择"REPT"选项；❸单击"确定"按钮。

STEP 3 设置参数

❶打开"函数参数"对话框，在"Text"文本框中输入需要重复显示的文本，这里输入特殊字符"★"；❷在"Number_times"文本框中输入文本重复的次数，这里输入"L3"；❸单击"确定"按钮。

STEP 4 查看计算结果

返回 Excel 工作界面，即可在 M3 单元格中查看"客户等级"的显示效果。

STEP 5 填充函数

将函数填充到 M4:M15 单元格区域，利用"自动填充选项"按钮设置其不带格式填充。

3. FIND 函数

FIND 函数用于在第二个文本串中定位第一个文本串，并返回第一个文本串的起始位置的值，该值从第二个文本串的第一个字符算起。下面在"客户信息表 .xlsx"工作簿的"Sheet1"工作表中，利用该函数查找"姓名"在"称谓"中的所在位置，其具体操作步骤如下。

STEP 1 选择单元格

在"Sheet1"工作表中选择 N3 单元格。

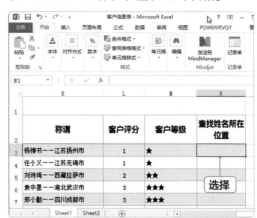

STEP 2 选择函数

❶打开"插入函数"对话框，在"或选择类别"下拉列表框中选择"文本"选项；❷在"选择函数"列表框中选择"FIND"选项；❸单击"确定"按钮。

第2部分

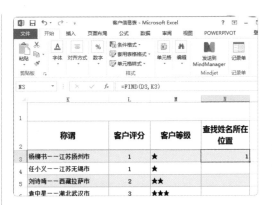

操作解谜

FIND 函数的语法结构及其参数

FIND(find_text,within_text,start_num) 中的 find_text 表示要查找的文本，within_text 表示包含要查找文本的文本，start_num 表示指定要从其开始搜索的字符。within_text 中的首字符是编号为 1 的字符数。

STEP 3　设置参数

❶打开"函数参数"对话框，在"Find_text"文本框中输入"D3"；❷在"Within_text"文本框中输入"K3"；❸单击"确定"按钮。

STEP 4　查看计算结果

返回 Excel 工作界面，即可在 N3 单元格中查看姓名为"杨柳书"的客户在"称谓"中的显示位置。

STEP 5　填充函数

将函数填充到 N4:N15 单元格区域，利用"自动填充选项"按钮设置其不带格式填充。

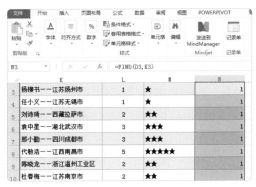

操作解谜

FIND 函数和 SEARCH 函数的区别

Excel 中的 SEARCH 函数和 FIND 函数都可以在指定的文本字符串中查找另一个文本字符串第一次出现的位置，其语法结构也相同。主要区别有两点：FIND 函数要区分大小写，而 SEARCH 函数不区分；SEARCH 函数支持通配符，而 FIND 函数不支持。

新手加油站——逻辑和文本函数的应用技巧

1. 用 TRIM 函数删除文本中的多余空格

使用 TRIM 函数可以清除文本中不规则的空格，保留单词间的单个空格，如"表　格"清除后为"表 格"，这种情况在肉眼的观察下很容易被忽视。

TRIM 函数的语法结构为：TRIM(text)，其中参数 text 是指需要清除其中空格的文本。例如，在 D2 单元格输入函数"TRIM(C2)"，按【Enter】键，得到规则的文本，然后填充函数到 D3:D17 单元格区域，得到其他规则的文本。

2. 利用文本函数实现字母间大小写的转换

使用 LOWER 函数、UPPER 函数和 PROPER 函数这 3 种文本函数，可以快速转换字母大小写。其中，LOWER 函数是将一个文本字符串中的所有大写字母转换为小写形式；UPPER 函数是将字母转换成大写形式，该函数不改变文本中的非字母的字符；而 PROPER 函数是将单词转换为首字母大写的格式。其语法结构为：LOWER(text)、UPPER(text)、PROPER(text)，其中参数 text 是要转换大小写字母的文本，text 可以为引用或文本字符串。

例如，分别使用 3 种方式输入外籍教员的名称，其操作方法为：分别在 E3、F3、G3单元格中输入"=LOWER(B3)""=UPPER(B3)"和"=PROPER(B3)"，按【Enter】键，然后复制函数到下方单元格中。

3. 用 REPLACE 函数和 SUBSTITUTE 函数替换字符

使用 REPLACE 函数和 SUBSTITUTE 函数替换字符，可实现使用查找和替换功能替换表格中字符的功能。REPLACE 函数是某一文本字符串中替换指定位置处的任意文本，SUBSTITUTE 函数是在某一文本字符串中替换指定的文本。

REPLACE 函数使用其他文本字符串并根据所指定的字符数替换某文本字符串中的部分文本。其语法结构为：REPLACE(old_text,start_num,num_chars,new_text)，其中 old_text 表示要替换其部分字符的文本，start_num 表示要用 new_text 替换的 old_text 中字符的位置，num_chars 表示希望 REPLACE 使用 new_text 替换 old_text 中字符的个数，new_text 表示要用于替换 old_text 中字符的文本。

如果是将目标文本中指定的字符串替换为新的字符，可使用 SUBSTITUTE 函数。其语法结构为：SUBSTITUTE(text,old_text,new_text,instance_num)，其中 text 表示需要替换其中字符的文本，或对含有文本的单元格的引用；old_text 表示需要替换的旧文本；new_text 表示用于替换 old_text 的文本，如果不指定，则用空文本（""）表示；instance_num 表示一数值，用来指定以 new_text 替换第几次出现的 old_text。如果指定了 instance_num，则只有满足要求的 old_text 被替换，否则将用 new_text 替换 text 中出现的所有 old_text。

例如，将 B2 单元格中的文本按指定位置"12"和指定数量"4"进行替换，最终将"-白米"替换为"-特选米"，或者将 B5 单元格中指定字符串"白米"替换为"黑糯米"。

4. 利用 LEN 函数与 LENB 函数分离姓名和电话号码

在表格中输入数据时，如果姓名和电话号码存放在同一单元格中，可利用 LEN 函数和 LENB 函数将姓名和电话号码快速分离。方法是：在 D2 单元格中输入函数"=LEFT(C2,LENB(C2)-LEN(C2))"，在 E2 单元格中输入"=RIGHT(C2,2*LEN(C2)-LENB(C2))"，便可将姓名与电话号码分离。

其中 LENB 函数按每个双字节字符为 2 个长度计算，单字节字符则为 1 个长度计算。LENB(C2)-LEN(C2) 可计算出双字节字符（姓名）的个数；2*LEN(C2)-LENB(C2) 可计算出单字节字符（电话号码）的个数。在使用文本函数时，要注意区分字符和字节，不论是英文字母或数字，还是汉字，都叫字符，只不过一个汉字字符占两个字节，一个英文字符或一个数字字符占一个字节。

高手竞技场 ——逻辑和文本函数的应用练习

1. 编辑"奖学金评定表"工作簿

打开"奖学金评定表 .xlsx"工作簿，计算其中的数据，要求如下。

- 利用 IF 函数判断获奖情况。获奖条件是：总分大于 439 分的，获"一等奖"；总分大于 400 分小于 439 分的，获"二等奖"；总分大于 385 分小于 400 分的，获"三等奖"；总分大于 365 分小于 385 分的，获"四等奖"；总分小于 365 分的，"落选"。

- 综合利用 IF 函数和 AND 函数来判断核审情况。只有全部科目大于 60 分的，才能"通过"核审，否则就"挂科"。

J12		fx	=IF(AND(C12>60, D12>60, E12>60, F12>60, G12>60), "通过", "未通过（挂科）")						
	A	B	C	D	E	F	G	H	I	J

	奖学金评定表								
学号	姓名	高数	商务英语	计算机	体育	选修	总分	评定	核审
2390311020	林 质	85	75	93	68	75	395	三等奖	通过
2390311021	黄 欢	95	88	93	75	85	435	二等奖	通过
2390311022	高大伟	75	98	83	86	95	436	二等奖	通过
2390311026	山 呢	83	83	60	70	86	381	四等奖	未通过（挂科）
2390311027	王 和	80	88	80	96	98	440	一等奖	通过
2390311029	王 堂	95	79	78	86	73	409	二等奖	通过
2390311040	李 明	85	76	86	80	63	388	三等奖	通过
2390311039	艾德龙	56	93	65	75	80	368	四等奖	未通过（挂科）
2390311046	斯皮尔	98	90	86	96	85	454	二等奖	通过
2390311059	李大卫	85	88	65	86	93	416	二等奖	通过

2. 编辑"客户资料"工作簿

打开"客户资料 .xlsx"工作簿，利用文本函数提取相关信息，要求如下。

- 综合利用 IF、OR、LEN 函数来判断身份证号码的有效性，假设 15 位和 18 位的身份证号码均有效。

- 综合利用 IF、MID、LEN 函数来提取客户身份证号码中的生日，15 位的身份证号码从第 9 位开始的两位数为出生月份，18 位的身份证号码从第 11 位开始的两位数为出生月份。

E4		fx	=IF(OR(F4=1, F4=3, F4=5, F4=7, F4=9), "男", "女")		
	A	B	C	D	E

	客户资料				
姓名	身份证	有效证件	生日日期	性别
龙 小 月	513****0349531864834	FALSE		
许 琴	513****32312064834	TRUE	1206	男
章 凯	513****78912045124	TRUE	1204	女
李 艳	513****1513211003223	FALSE		
秦 旗	510****98402153657	TRUE	0215	男
刘 军	151****28103495318648	FALSE		
谢 翼	549****56595656555573	FALSE		
徐 文 明	531****98302083251	TRUE	0208	男
陶 建 雄	510****98004185223	TRUE	0418	女
魏 华	510****97905086630	TRUE	0508	男
向 冬	510****70528752	TRUE	0528	女
周 艳	510****98006284523	TRUE	0628	女
李 语	510****98302188221	TRUE	0218	女
杨 方 方	510****98302235867	TRUE	0223	女
张 千	510****98209096721	TRUE	0909	女

公式与函数

第5章

日期和时间函数的应用

/ 本章导读

　　本章通过应用日期和时间函数来实现对时间的合理利用，主要包括 WORKDAY 函数、NETWORKDAYS 函数、DAYS360 函数等。使用此类函数，用户可轻松计算工作日期、生产天数以及停车时间等。

停车收费记录表 - Microsoft Excel	? 囯 ─
页面布局　公式　数据　审阅　视图　POWERPIVOT	

条件格式 ▾　　　　　套用表格格式 ▾　单元格　编辑　发送到 MindManager　记录单
单元格样式 ▾
样式　　　　　　　　　　　　　Mindjet

`=YEAR(TODAY())-F4`

登记表

部门	进入公司年	工龄
编辑部	2012	5
编辑部	2011	6
编辑部	2011	6
策划部	2013	4
策划部	2014	3
业务部	2014	3
业务部	2012	5
业务部	2013	4
宣传部	2013	4

产品生产时间表 - Microsoft Excel	? 囯
入　页面布局　公式　数据　审阅　视图　POWERPIVO	

% 条件格式 ▾
数字　套用表格格式 ▾　单元格　编辑　发送到 MindManager　记录单
单元格样式 ▾
样式　　　　　　　　　　　Mindjet

`=DAYS360(D10,F10)`

品生产时间表

实际工作时间 （月）	完工日期	生产天数
20	2018/8/31	626
10	2016/12/31	321
8	2017/9/30	265
9	2016/12/31	290
29	2019/7/31	898
20	2017/12/31	619
30	2019/9/30	927

5.1 计算"停车收费记录表"

又到月末了，小姚忙着各种表格的计算和统计工作。经理告诉她，现在的停车收费表既不容易看明白，也很不利于统计，希望她重新制作一份停车计时收费表，使停车计时内容一目了然，同时对工龄 5 年以上的员工实行相应的优惠政策。停车收费记录表，主要涉及的知识点包括使用 HOUR 函数、MINUTE 函数、TIME 函数计算停车时间，以及使用 YEAR 函数计算工龄等。

5.1.1 提取日期和时间函数

使用 Excel 制作表格时，如果需要进行提取日期、计算工龄和时间等操作，都可以利用日期和时间函数来实现。下面在"停车收费记录表 .xlsx"工作簿中详细介绍日期和时间函数的使用方法，其具体操作步骤如下。

微课：提取日期和时间函数

第 2 部分

1. TODAY 函数

使用 TODAY 函数可以获得当前系统日期，而且会随着系统日期的更新而更新。TODAY 函数语法结构简单，不需要设置参数，只需在相应的单元格中输入"=TODAY()"即可。下面在"停车收费记录表 .xlsx"工作簿的"计时收费"工作表中提取当前日期，其具体操作步骤如下。

STEP 1 选择单元格

❶打开"停车收费记录表 .xlsx"工作簿，在"计时收费"工作表中选择 I3 单元格；❷单击【公式】/【函数库】组中的"插入函数"按钮。

STEP 2 选择函数

❶打开"插入函数"对话框，在"或选择类别"下拉列表框中选择"日期与时间"选项；❷在

"选择函数"列表框中选择"TODAY"选项；❸单击"确定"按钮。

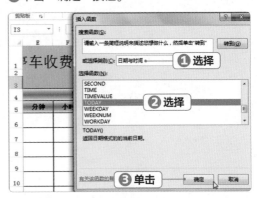

STEP 3 确认函数参数

打开"函数参数"对话框，由于函数不需要参数，所以只需单击"确定"按钮，确认参数即可。

STEP 4 查看计算结果

返回 Excel 工作界面，即可在 I3 单元格中查看利用 TODAY 函数计算出的结果。

2. NOW 函数

NOW 函数可以返回计算机系统内部时钟的当前日期和时间。其语法结构为：NOW()，与 TODAY 函数一样也没有参数。下面在"停车收费记录表 .xlsx"工作簿的"计时收费"工作表中输入日期和时间，其具体操作步骤如下。

STEP 1 选择单元格

❶在"计时收费"工作表中选择 C13 单元格；❷单击编辑栏中的"插入函数"按钮。

STEP 2 选择函数

❶打开"插入函数"对话框，在"或选择类别"下拉列表框中选择"日期与时间"选项；❷在"选择函数"列表框中选择"NOW"选项；❸单击"确定"按钮。

STEP 3 确认函数参数

打开"函数参数"对话框，由于函数不需要参数，所以只需单击"确定"按钮，确认参数即可。

STEP 4 查看计算结果

返回 Excel 工作界面，即可在 C13 单元格中查看利用 NOW 函数计算出的结果。

操作解谜

TODAY 函数和 NOW 函数的区别

TODAY函数和NOW函数都是Excel中与日期时间相关的函数，两者的不同之处是：TODAY函数不显示时间信息，只有当前日期；NOW函数除当前日期信息外，还会显示时间信息。

操作解谜

正常显示日期和时间

如果单元格是"文本"格式，那么在应用TODAY函数和NOW函数后都不会正常显示日期和时间，此时需要先通过"设置单元格格式"对话框，将单元格格式更改为"常规"后，再应用函数。

5.1.2 提取特定时间函数

在 Excel 中获取系统时间时，可使用 Excel 中自带的时间函数来实现，Excel 中的时间函数包括 YEAR 函数、MONTH 函数、HOUR 函数以及 MINITE 函数等。下面介绍常用时间函数的用法。

微课：提取特定时间函数

1. HOUR 函数

HOUR 函数主要用来获得系统当前时间或在指定的日期、时间、公式以及函数计算结果中获得的小时数（或时钟数）。下面在"停车收费记录表.xlsx"工作簿的"计时收费"工作表中计算停车的小时数，其具体操作步骤如下。

STEP 1 选择函数

❶在"计时收费"工作表中选择 G6 单元格；❷单击【公式】/【函数库】组中的"日期和时间"按钮；❸在打开的下拉列表框中选择"HOUR"选项。

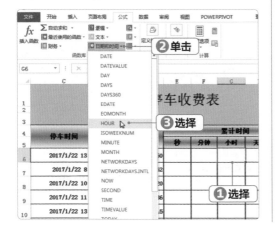

STEP 2 缩小对话框

打开"函数参数"对话框，单击"Serial_number"文本框中右侧的"收缩"按钮。

操作解谜

HOUR 函数的语法结构及其参数

HOUR 函数语法结构为：HOUR(serial_number)，其中参数serial_number表示将要返回小时数的时间数。

STEP 3 设置参数

❶选择工作表中的 D6 单元格；❷输入运算符"-"；❸选择工作表中的 C6 单元格，表示从

指定时间的计算结果中获取小时数; ❹单击"展开"按钮。

STEP 4 确认参数设置
打开"函数参数"对话框,单击"确定"按钮。

STEP 5 查看计算结果
返回 Excel 工作界面,即可在 G6 单元格中查看利用 HOUR 函数计算的停车小时数。

STEP 6 填充函数
通过"不带格式填充"的方式将 HOUR 函数

填充到 G7:G12 单元格区域内。

2. MINUTE 函数

使用 MINUTE 函数可以获得特定时间或某一时间段的分钟数,只要是能被 Excel 识别的时间格式都能进行计算。下面在"停车收费记录表 .xlsx"工作簿的"计时收费"工作表中计算停车的分钟数,其具体操作步骤如下。

STEP 1 选择函数
❶在"计时收费"工作表中选择 F6 单元格; ❷单击【公式】/【函数库】组中的"日期和时间"按钮; ❸在打开的下拉列表框中选择"MINUTE"选项。

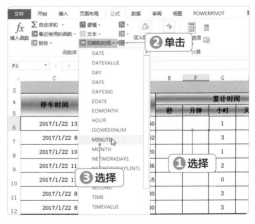

STEP 2 设置参数
❶打开"函数参数"对话框,在"Serial_number"文本框中输入"D6-C6"; ❷单击"确定"按钮。

STEP 3 查看计算结果

返回 Excel 工作界面，即可在 F6 单元格中查看利用 MINUTE 函数计算的停车分钟数。

STEP 4 填充函数

通过"不带格式填充"的方式将 MINUTE 函数填充到 F7:F12 单元格区域内。

3. SECOND 函数

SECOND 函数是用来计算某一时间

值或代表时间的序列数字所对应的秒数，是一个 0~59 之间的整数。其语法结构为：SECOND(serial_number)，其中参数 serial_number 表示需要返回秒数的时间。下面在"停车收费记录表 .xlsx"工作簿的"计时收费"工作表中计算停车的秒数，其具体操作步骤如下。

STEP 1 定位鼠标光标

❶在"计时收费"工作表中选择 E6 单元格；❷在编辑栏中单击鼠标，将鼠标光标定位在其中。

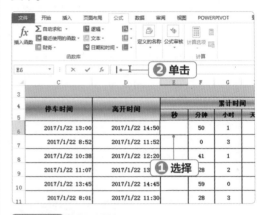

STEP 2 输入函数

在鼠标光标不断闪烁处输入函数"=SECOND(D6-C6)"，确认无误后按【Enter】键。

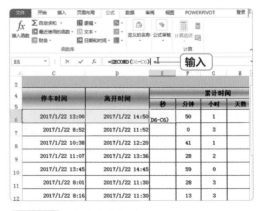

STEP 3 查看计算结果

此时，在 E6 单元格中即可查看利用 SECOND 函数计算的停车秒数。

	停车时间	离开时间	累计时间			
			秒	分钟	小时	天数
6	2017/1/22 13:00	2017/1/22 14:50	10	50	1	
7	2017/1/22 8:52	2017/1/22 11:52		0	3	
8	2017/1/22 10:38	2017/1/22 12:20		41	1	
9	2017/1/22 11:07	2017/1/22 13:36		28	2	
10	2017/1/22 13:45	2017/1/22 14:45		59	0	
11	2017/1/22 8:01	2017/1/22 11:30		28	3	

STEP 4　填充函数

通过"不带格式填充"的方式将 SECOND 函数填充到 E7:E12 单元格区域内。

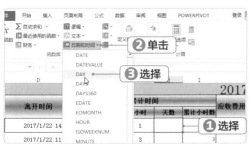

4. DAY 函数

　　使用 DAY 函数可快速将特定日期中的天数或系统当前日期的天数提取出来。下面在"停车收费记录表 .xlsx"工作簿的"计时收费"工作表中计算停车的天数，其具体操作步骤如下。

STEP 1　选择函数

❶在"计时收费"工作表中选择 H6 单元格；❷单击【公式】/【函数库】组中的"日期和时间"按钮；❸在打开的下拉列表框中选择"DAY"选项。

 操作解谜

DAY 函数的语法结构及其参数

　　DAY函数的语法结构为：DAY(serial_number)，其中参数serial_number表示要查找那一天的日期，或可计算的日期序列号，或存放日期数据的单元格引用。

STEP 2　设置参数

❶打开"函数参数"对话框，在"Serial_number"文本框中输入"D6-C6"；❷单击"确定"按钮。

STEP 3　查看计算结果

返回 Excel 工作界面，即可在 H6 单元格中查看利用 DAY 函数计算的停车天数。

STEP 4　填充函数

通过"不带格式填充"的方式将 DAY 函数填充到 H7:H12 单元格区域内。

| 高开时间 | 累计时间 | | | | | 应收费 |
	秒	分钟	小时	天数	累计小时数	
2017/1/22 14:50	10	50	1	0	2	
2017/1/22 11:52	20	0	3	0	3	
2017/1/22 12:20	57	41	1	0	2	
2017/1/22 13:36	35	28	2	0	2.5	
2017/1/22 14:45	56	59	0	0	1	
2017/1/22 11:30	44	28	3	0	3.5	

5. YEAR 函数

YEAR 函数代表返回日期的年份值，返回值为 1900~9999 之间的整数。下面在"停车收费记录表 .xlsx"工作簿的"员工基本信息"工作表中计算员工进入公司的年份和工龄，其具体操作步骤如下。

STEP 1　选择单元格

❶单击"员工基本信息"工作表标签；❷选择 F4 单元格。

STEP 2　选择函数

❶按【Shift+F3】组合键，打开"插入函数"对话框，在"或选择类别"下拉列表框中自动显示最近使用的函数类别，这里保持不变，在"选择函数"列表框中选择"YEAR"选项；❷单击"确定"按钮。

STEP 3　设置参数

❶打开"函数参数"对话框，在"Serial_number"文本框中输入"B4"选项；❷单击"确定"按钮。

STEP 4　查看计算结果

返回 Excel 工作界面，即可在 F4 单元格中查看利用 YEAR 函数计算的员工进入公司的年份。

操作解谜

YEAR 函数的语法结构及其参数

YEAR 函数的语法结构为：YEAR(serial_number)，其中参数 serial_number 表示将要计算年份数的日期。需要注意的是，日期不能以文本形式输入，否则将出现错误。

STEP 5 填充函数

通过"不带格式填充"的方式将 YEAR 函数填充到 F5:F13 单元格区域内。

STEP 6 设置参数

❶在"员工基本信息"工作表中选择 G4 单元格后，插入"YEAR"函数，并在打开的"函数参数"对话框的"Serial_number"文本框中输入"TODAY()"；❷单击"确定"按钮。

STEP 7 输入公式

❶返回 Excel 工作界面，将鼠标光标定位到编辑栏中，并在函数的最后输入运算符"-"；❷选择工作表中的"F4"单元格。

STEP 8 查看计算结果

按【Enter】键，即可在 G4 单元格中查看利用

YEAR 函数和 TODAY 函数计算出的员工工龄。

STEP 9 填充函数

通过"不带格式填充"的方式将 YEAR 函数填充到 G5:G13 单元格区域内。

STEP 10 引用工作表

❶切换到"计时收费"工作表，选择"J6"单元格，在编辑栏中输入函数"=IF()"后，将鼠标光标定位到括号内；❷单击"员工基本信息"工作表标签；❸选择"G4"单元格。

STEP 11 输入函数参数

继续在编辑栏中输入函数的剩余参数"$>5,3,6$"，表示当员工工龄大于 5 年时，计时收费标准为 3 元 / 小时，否则为 6 元 / 小时。

STEP 12 引用单元格

❶将鼠标光标定位到 IF 函数的最后，输入运算符"*"；❷单击"计时收费"工作表标签；❸选择 I6 单元格。

STEP 13 查看计算结果

按【Enter】键即可在 J6 单元格中查看员工实际应收取的停车费用。

STEP 14 填充公式

通过"不带格式填充"的方式将计算结果填充到 J7:J12 单元格区域内。

6. MONTH 函数

MONTH 函数代表返回日期的月份数，返回值为 1~12 月之间的数字。其语法结构为 MONTH(serial_number)，其中参数 serial_number 表示将要计算月份数的日期。下面在"停车收费记录表 .xlsx"工作簿的"员工基本信息"工作表中计算员工入职的月份，其具体操作步骤如下。

STEP 1 输入函数

❶在"员工基本信息"工作表中选择 C4 单元格；❷在编辑栏中输入函数"=MONTH(B4)"。

STEP 2 查看计算结果

按【Enter】键即可在 C4 单元格中查看利用 MONTH 函数计算的员工入职的月份。

❶在"员工基本信息"工作表中选择 D4 单元格；❷单击【公式】/【函数库】组中的"日期和时间"按钮；❸在打开的下拉列表框中选择"WEEKDAY"选项。

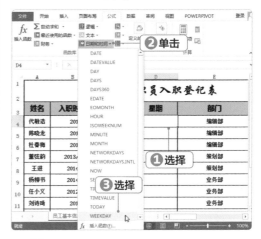

技巧秒杀

输入函数技巧

在单元格中输入的函数字母可以是大写也可以是小写，只要输入的函数正确，系统都能识别。除此之外，在输入文本参数时，一定要加英文输入状态下的双引号。

STEP 3　填充函数

通过"不带格式填充"的方式将计算结果填充到 C5:C13 单元格区域内。

7. WEEKDAY 函数

WEEKDAY 函数用来返回代表一周中的第几天的数值，默认情况下，其值为 1(星期天)~7(星期六) 之间的整数。下面在"停车收费记录表 .xlsx"工作簿的"员工基本信息"工作表中计算员工是星期几入职，其具体操作步骤如下。

操作解谜

WEEKDAY 函数的语法结构及其参数

WEEKDAY 函数的语法结构为：WEEKDAY(serial_number,return_type)，其中 serial_number 表示要查找的那一天的日期，return_type 表示确定返回值类型的数字。

return_type 有 3 种类型：如果为 1，则其返回值为数字 1（星期日）~7（星期六）；如果为 2，其返回值为数字 1（星期一）~7（星期日）；如果为 3，其返回值为数字 0（星期一）~6（星期日）。省略它时，系统会默认为类型 1。

STEP 2　设置参数

❶打开"函数参数"对话框，在"Serial_number"文本框中输入"B4"；❷在"Return_type"文本框中输入"2"；❸单击"确定"按钮。

STEP 4 填充函数
通过"不带格式填充"的方式将计算结果填充
到 D5:D13 单元格区域内。

STEP 3 查看计算结果

返回 Excel 工作界面，即可在 D4 单元格中查
看员工具体是周几入职的。

操作解谜

serial_number 参数的输入

在日期和时间函数中，大多数函数
包含serial_number这一参数，该参数有
多种输入方式，如带引号的文本串（如
"2017/02/26"）、序列号（如35825表示1998
年1月30日）以及其他公式或函数的结果
（如DATEVALUE("2017/1/30")）。

5.2 编辑"产品生产时间表"

产品生产时间表是指生产产品所耗用的时间周期，不同产品耗费时间的长短不一。该表
格一般包括产品的开工时间、交货时间、为生产产品耗用的工作日、剩余天数等内容。制作
产品生产时间表时，可以利用 Excel 提供的日期和时间函数进行计算，主要涉及的知识点有
WORKDAY 函数的使用、EOMONTH 函数的使用、NETWORKDAYS 函数的使用等。

5.2.1 提取不同月份的日期

Excel 提供的日期和时间函数，除可以获取当前日期和时间外，还可以计算
指定的时间日期，如 EOMONTH 函数和 EDATE 函数。EOMONTH 函数与
EDATE 函数的语法结构完全相同，参数都是 start_date 和 months，而且参数
含义也完全相同。下面详细介绍 EDATE 函数的使用方法。

微课：提取不同月份的日期

STEP 1 选择函数

❶打开"产品生产时间表 .xlsx"工作簿,在"二车间"工作表中选择"F3"单元格;❷单击【公式】/【函数库】组中的"日期和时间"按钮;❸在打开的下拉列表框中选择"EDATE"选项。

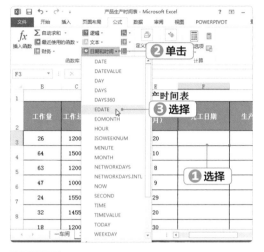

STEP 2 设置参数

❶打开"函数参数"对话框,在"Start_date"文本框中输入"D3";❷在"Months"文本框中输入"E3";❸单击"确定"按钮。

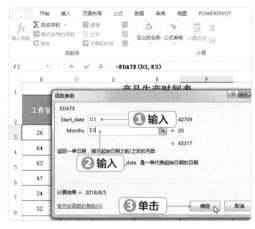

STEP 3 查看计算结果

返回 Excel 工作界面,即可在 F3 单元格中查看利用 EDATE 函数计算的产品完工的具体日期。

STEP 4 填充函数

拖动鼠标将计算结果填充到 F4:F11 单元格区域内。

操作解谜

EDATE 函数与 EOMONTH 函数的区别

　　EDATE函数用于计算一个指定日期前或后的某个日期;EOMONTH函数用于计算指定日期前或后的某个日期的最后一天,其使用方法与EDATE函数的使用方法基本相同。针对本例而言,如果采用EOMONTH函数来计算完工日期,则在F3单元格中返回的值为"2018/8/31"。

5.2.2　计算实际天数

Excel 提供的日期和时间函数在日常工作中使用较为频繁，尤其是在计算产品生产时间方面更为明显。下面对计算实际天数的函数进行讲解，主要包括 WORKDAY 函数、NETWORKDAYS 函数和 DAYS360 函数。

微课：计算实际天数

1. WORKDAY 函数

WORKDAY 函数用来计算在指定日期之前或之后、与该日期相隔指定工作日的某一日期的日期值，常用于计算发票到期日、预期交货时间或工作天数等。下面在"产品生产时间表 .xlsx"工作簿的"一车间"工作表中，使用该函数计算具体的交货日期，其具体操作步骤如下。

STEP 1　选择函数

❶在"一车间"工作表中选择 F3 单元格；❷在【公式】/【函数库】组中单击"日期和时间"按钮；❸在打开的下拉列表框中选择"WORKDAY"选项。

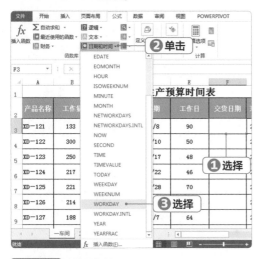

STEP 2　设置参数

❶打开"函数参数"对话框，在"Start_date"文本框中输入起始日期，这里输入"D3"；❷在"Days"文本框中输入具体工作天数，这里输入"E3"；❸单击"确定"按钮。

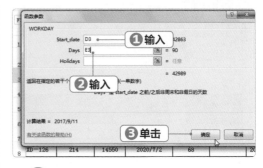

操作解谜

日期函数的语法结构及其参数

WORKDAY(start_date,days,[holidays])，其中start_date表示开始日期，就是指定日期；days表示从指定日期开始向前或向后推算天数。如果days的天数为正值，则从指定日期向前推算；如果days的天数为负值，则从指定日期向后推算。holidays表示周末或假期的天数，如国庆有7天假期，此时holidays的值为7。如果不设置该函数，则系统会自动获得日期系列。

STEP 3　查看计算结果

返回 Excel 工作界面，即可在 F3 单元格中查看利用日期函数计算的交货日期。

STEP 4 填充函数

拖动鼠标将计算结果填充到 F4:F11 单元格区域内。

2. NETWORKDAYS 函数

NETWORKDAYS 函数计算两段日期之间的工作日，当然休假时间和法定假日除外。使用该函数可快速计算出正常的工作日期。下面在"产品生产时间表.xlsx"工作簿的"二车间"工作表中使用该函数计算实际的工作日，其具体操作步骤如下。

STEP 1 选择函数

❶切换到"二车间"工作表，并选择 H3 单元格；❷在【公式】/【函数库】组中单击"日期和时间"按钮；❸在打开的下拉列表框中选择"NETWORKDAYS"选项。

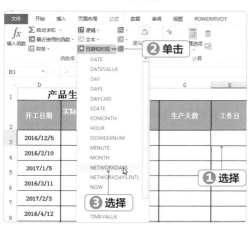

操作解谜

日期函数的语法结构及其参数

NETWORKDAYS(start_date, end_date, [holidays])，其中start_date表示两段日期的开始日期，必须设置；end_date表示两段日期的结束日期，必须设置；holidays表示开始日期和结束日期之间的休假日期或法定假期，是可选参数，即可填写也可不填写。

STEP 2 设置参数

❶打开"函数参数"对话框，在"Start_date"文本框中输入起始日期，这里输入"D3"；❷在"End_date"文本框中输入结束日期，这里输入"F3"；❸单击"确定"按钮。

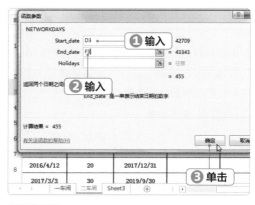

STEP 3 查看计算结果

返回 Excel 工作界面，即可在 H3 单元格中查看利用日期函数计算的工作日。

STEP 4 填充函数

拖动鼠标将计算结果填充到 H4:H11 单元格区域内。

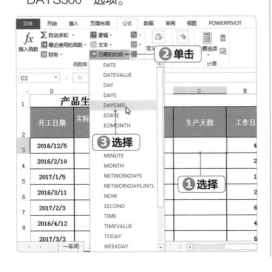

3. DAYS360 函数

DAYS360 函数按照一年 360 天（每月 30 天）来计算两段日期之间相差的天数，包括所有的节假日。下面在"产品生产时间表 .xlsx"工作簿的"二车间"工作表中使用该函数计算生产天数，其具体操作步骤如下。

STEP 1 选择函数

❶ 在"二车间"工作表中选择 G3 单元格；❷ 在【公式】/【函数库】组中单击"日期和时间"按钮；❸ 在打开的下拉列表框中选择"DAYS360"选项。

操作解谜

日期函数的语法结构及其参数

DAYS360(start_date,end_date,method)，其中参数 start_date、end_date 代表计算期间天数的起止日期。method 则为一个逻辑值，如果为 FALSE 或者省略，则表示使用美国方法；如果为 TRUE，则表示使用欧洲方法。

STEP 2 设置参数

❶ 打开"函数参数"对话框，在"Start_date"文本框中输入"D3"；❷ 在"End_date"文本框中输入"F3"；❸ 单击"确定"按钮。

STEP 3 查看计算结果

返回 Excel 工作界面，即可在 G3 单元格中查看利用日期函数计算的生产天数。

STEP 4 填充函数

拖动鼠标将计算结果填充到 G4:G11 单元格区域内。

操作解谜

DAYS360 函数中的 method 参数

该函数中的method表示计算中是采用欧洲方法还是美国方法。美国方法指如果起始日期是一个月的第31天，则将这一天视为同一个月份的第30天。如果终止日期是一个月的第31天且起始日期早于一个月的第30天，则将这个终止日期视为下一个月的第1天，否则终止日期等于同一个月的第30天。欧洲方法指无论起始日期还是终止日期是一个月的第31天，都视为同一个月份的第30天。

新手加油站 ——日期和时间函数的应用技巧

1. 计算日期区间内员工的实际工作天数

利用 NETWORKDAYS 函数，可以计算员工的工作日，不包括双休日和专门指定的其他各种假期。如果一个公司的工作日包括星期六，则此时应使用 NETWORKDAYS.INTL 函数，它表示的工作日是星期一到星期六，不包括周末和专门指定的假期。其语法结构为：Networkdays(start_date,end_date,[weekend],[holidays])，其中参数 start_date 和 end_date 分别表示开始日期和结束日期，weekend 为可选参数，表示介于 start_date 和 end_date 之间但又不包括在所有工作日数中的周末日。weekend 字符串值为 7 个字符长，该字符串中的每个字符代表一周中的一天，从星期一开始，1 代表非工作日，0 代表工作日。该字符串中只允许使用字符 1 和 0。holidays 为可选参数，表示在工作日中排除的特定日期。

NETWORKDAYS.INTL 函数的使用方法与 NETWORKDAYS 函数相同，如同样计算"产品生产时间表 .xlsx"工作簿中二车间的"工作日"（工作日包括星期六，每周 6 天），方法是在 H3 单元格中输入函数"=NETWORKDAYS.INTL(D3,F3,"0000001")"，按【Enter】键，"0000001" 表示星期一到星期六是工作日、星期日是非工作日。

2. 计算某个日期是当前的第几周

使用 WEEKNUM 函数可计算出指定日期是当前的第几周，它与 WEEKDAY 函数的用法相近，它们的语法结构相同，参数相同，甚至参数的含义也相同，当然使用的方法也相同。

高手竞技场 ——日期和时间函数的应用练习

1. 计算员工出勤天数

打开"6 月份考勤表 .xlsx"工作簿，计算其中的数据，要求如下。

● 利用 NETWORKDAYS 函数和 DATE 函数计算员工的出勤天数。在 G4 单元格中输入 "=NETWORKDAYS(DATE($B$2,$D$2,1),DATE($B$2,$D$2,30),($F$4:$F$6))-D4-E4"，"$F$4:$F$6"表示节假日天数，"-D4-E4"指要减去的病假与事假天数。

● 利用填充柄通过"不带格式填充"的方式将公式填充到 G5:G21 单元格区域。

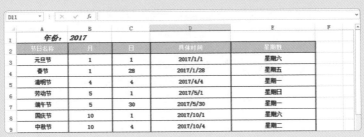

2. 计算节假日

打开"2017 年法定节假日 .xlsx"工作簿，计算其中的数据，要求如下。

● 使用 DATE 函数计算具体时间，其中对 B1 单元格的引用为绝对引用。

● 使用 WEEKDAY 函数计算星期数，其中"return_type"参数设置为"2"。

第6章

统计和数学函数的应用

/ 本章导读

　　学会使用常用的日期和时间函数后，还应对 Excel 2013 提供的另一类函数——统计和数学函数进行分析和应用，以便更快、更准确地计算表格中的数据。统计和数学函数包括条目统计函数 COUNTA、COUNTIF、COUNTBLANK，排位函数 RANK.AVG、RANK.EQ，以及常规计算函数 ABS、PRODUCT、MOD 等。

6.1 统计"员工测试成绩表"

最近公司的销售业绩一直不太理想，销售经理决定对销售部的所有员工进行一次业务能力测试，具体的测试项目和结果已发至小姚的邮箱，现在需要小姚对测试结果按要求进行统计，主要涉及数据的操作包括对测试人员进行排名、对不同分数段的测试人员进行统计、统计实际的测试人员等。

6.1.1 条目统计函数

统计类函数在实际办公中使用较为频繁，主要是从条目、排位、平均值等角度去统计数据，并捕捉统计数据的所有特征。下面在"员工测试成绩表.xlsx"工作簿中详细介绍条目统计函数的使用方法。

微课：条目统计函数

第
2
部
分

1. COUNTA 函数

COUNTA 函数用于只返回包含数字单元格的个数，同时可以计算单元格区域或数字数组中数字字段的输入项个数，空白单元格或文本单元格不计算在内。下面在"员工测试成绩表.xlsx"工作簿的"参考人员"工作表中统计实际参考人数，其具体操作步骤如下。

STEP 1 选择函数

❶打开"员工测试成绩表.xlsx"工作簿，在"参考人员"工作表中选择 B21 单元格；❷单击【公式】/【函数库】组中的"其他函数"按钮；❸在打开的下拉列表中选择"统计"选项；❹再在打开的子列表中选择"COUNTA"选项。

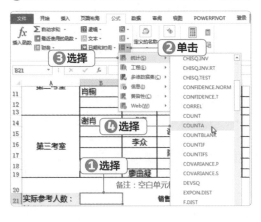

操作解谜

COUNTA 函数的语法结构及其参数

COUNTA(value1,value2···)，其中参数 value1，value2···是可以包含或引用各种类型数据的1~255个参数，但只有数字类型的数据才计算在内。

STEP 2 设置参数

❶打开"函数参数"对话框，在"Value1"文本框中输入"B2:G19"，确认要引用的单元格区域；❷单击"确定"按钮。

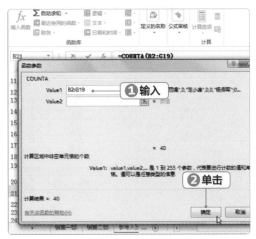

STEP 3 查看计算结果

返回 Excel 工作界面，即可在 B21 单元格中查看利用 COUNTA 函数计算出的实际参考人数。

2. COUNTBLANK 函数

COUNTBLANK 函数用于统计指定单元格区域中空白单元格的个数。其语法结构为：COUNTBLANK(range)，其中参数 range 表示需要计算其中空白单元格个数的区域。下面在"员工测试成绩表 .xlsx"工作簿的"参考人员"工作表中统计缺考人数，其具体操作步骤如下。

STEP 1 选择函数

❶在"参考人员"工作表中选择 B22 单元格；❷单击【公式】/【函数库】组中的"其他函数"按钮；❸在打开的下拉列表中选择"统计"选项，在打开的子列表中选择"COUNTBLANK"选项。

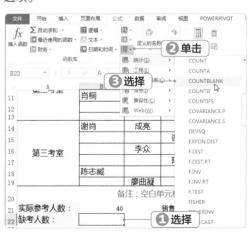

STEP 2 设置参数

❶打开"函数参数"对话框，在"Range"文本框中输入"B2:G19"，确认要计算空白单元格的区域；❷单击"确定"按钮。

STEP 3 查看计算结果

返回 Excel 工作界面，即可在 B22 单元格中查看利用COUNTBLANK函数计算出的缺考人数。

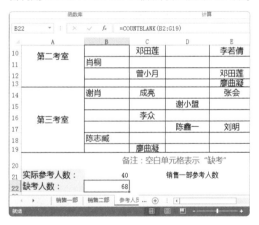

3. COUNTIF 函数

COUNTIF 函数用于计算区域中满足给定条件的单元格的个数。下面在"员工测试成绩表 .xlsx"工作簿的"销售二部"工作表中统计平均分高于 85 分的人数，其具体操作步骤如下。

STEP 1 选择函数

❶在"销售二部"工作表中选择 C23 单元格；❷单击【公式】/【函数库】组中的"其他函数"

第 6 章 统计和数学函数的应用

按钮；❸在打开的下拉列表中选择"统计"选项，在打开的子列表中选择"COUNTIF"选项。

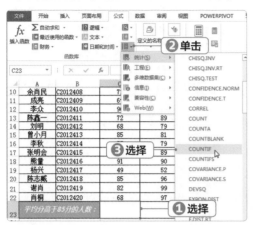

操作解谜

COUNTIF 函数的语法结构及其参数

COUNTIF(range,criteria)，其中range表示一个或多个要计数的单元格，包括数字或名称、数组或包含数字的引用（空值和文本值将被忽略）；criteria表示数字、表达式或文本形式的定义条件，如A>5，b=10等。

STEP 2 设置参数

❶打开"函数参数"对话框，在"Range"文本框中输入"H3:H22"，确认要计数的单元格；❷在"Criteria"文本框中输入计数条件"">85""；❸单击"确定"按钮。

STEP 3 查看计算结果

返回 Excel 工作界面，即可在 C23 单元格中查看利用 COUNTIF 函数统计出的平均分高于85 分的人数。

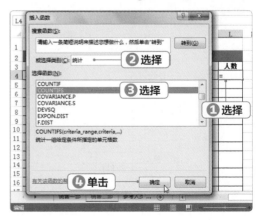

4. COUNTIFS 函数

COUNTIFS 函数用于计算区域中满足多个条件的单元格的个数。其使用方法与COUNTIF 函数相似。下面在"员工测试成绩表 .xlsx"工作簿的"销售二部"工作表中统计不同分数段下的人数，其具体操作步骤如下。

STEP 1 选择函数

❶在"销售二部"工作表中选择 L4 单元格；❷按【Shift+F3】组合键打开"插入函数"对话框，在"或选择类别"下拉列表框中选择"统计"选项；❸在"选择函数"列表框中选择"COUNTIFS"选项；❹单击"确定"按钮。

第2部分

操作解谜

COUNTIFS 函数的语法结构及其参数

COUNTIFS(criteria_range1,сriteria1, сriteria_range2,criteria2···),其中参数сriteria_range1,criteria_range2···是计算关联条件的1~127个区域,每个区域中的单元格必须是数字或包含数字的名称、数组或引用,空值和文本值会被忽略;"criteria1, criteria2···"是数字、表达式、单元格引用或文本形式的1~127个条件,用于定义要对哪些单元格进行计算。

STEP 2 设置参数

❶打开"函数参数"对话框,在"Criteria_range1"文本框中输入要统计的单元格"H3:H22";❷在"Criteria1"文本框中输入统计条件"">=60""。

技巧秒杀

妙用双引号

在公式中引用文本内容(含各种符号、文字、字母等)、函数参数、日期数据等内容时要加上双引号,如上例中的参数"Criteria1"。需要注意的是,该双引号一定要在英文状态下输入,否则将会出错。

STEP 3 设置参数

❶继续在"函数参数"对话框的"Criteria_range2"文本框中输入要统计的单元格"H3:H22";❷在"Criteria2"文本框中输入统计条件""<70"";❸单击"确定"按钮。

STEP 4 查看计算结果

返回 Excel 工作界面,即可在 L4 单元格中查看利用 COUNTIFS 函数统计出的平均分介于60~70 之间(包含 60 分)的人数。

STEP 5 统计其他分数段

按照相同的方法在 L5:L7 单元格区域分别得出"平均分 70 以上 80 分以下(含 70 分)""平均分 80 以上 90 分以下(含 80 分)""平均分 90 以上(含 90 分)"的人数。

第2部分

操作解谜

COUNTIF 函数和 COUNTIFS 函数的用法

COUNTIF函数是统计满足"单条件"的个数，仅区域、条件2个参数；COUNTIFS函数是统计满足"多条件"的个数，可多组参数，区域1、条件1，区域2、条件2，区域3、条件3……。本例中在L4、L5、L6单元格中只能使用COUNTIFS函数，而在L7单元格中COUNTIF函数和COUNTIFS函数均可使用。

6.1.2 排位函数

在对表格中的数据进行计算后，有时还需要对其进行排名操作，此时，可通过 Excel 提供的排位函数来实现。下面主要介绍 RANK.AVG 函数和 RANK.EQ 函数这两种排位函数的使用方法。

微课：排位函数

1. RANK.AVG 函数

RANK.AVG 函数用于返回一个数字在数字列表中的排位，如果多个值相同，则返回平均值排位。下面在"员工测试成绩表 .xlsx"工作簿的"销售二部"工作表中统计员工的排名情况，其具体操作步骤如下。

STEP 1 选择函数

❶在"销售二部"工作表中选择 I3 单元格；❷打开"插入函数"对话框，在"选择函数"列表框中选择"RANK.AVG"选项；❸单击"确定"按钮。

操作解谜

RANK.AVG 函数的语法结构及其参数

RANK.AVG(number,ref,order)，其中number表示需要找到排位的数字；ref表示数字列表数组或对数字列表的引用，ref中的非数值型参数将被忽略；order表示数字，指明排位的方式。如果order为0（零）或省略，那么对数字的排位是基于参数ref按照降序排列的列表。如果order不为0，对数字的排位是基于ref按照升序排列的列表。

STEP 2 设置参数

❶打开"函数参数"对话框，在"Number"文本框中输入需要排序的数字,这里输入"G3"；❷在"Ref"文本框中输入要引用的数字列表，这里输入"G3:G22"；❸在"Order"文本框中输入排列方式，这里输入"0"，按降序排列；❹单击"确定"按钮。

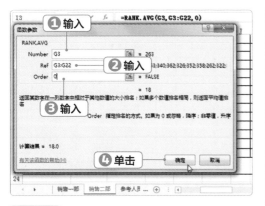

按【Enter】键显示计算结果后，采用拖动 I3 单元格右下角填充柄的方式，将该结果填充到 I4:I22 单元格区域。

工作技能	综合素质	社交能力	总分	平均分	名次	名次
66	51	73	263	65.8	18.0	
91	74	93	340	85.0	9.5	
95	93	88	362	90.5	1.5	
91	63	86	326	81.5	13.0	
95	89	92	352	88.0	7.0	
92	78	96	358	89.5	5.5	
41	62	86	262	65.5	19.0	
70	85	96	322	80.5	14.0	
67	82	99	317	79.3	16.0	
86	68	97	341	85.3	8.0	
89	79	89	329	82.3	12.0	
79	84	86	317	79.3	16.0	
81	79	95	340	85.0	9.5	
79	67	94	317	79.3	16.0	
89	97	91	361	90.3	3.0	
90	84	94	359	89.8	4.0	

2. RANK.EQ 函数

RANK.EQ 函数返回一个数字在数字列表中的排位，如果多个值相同，则返回该组数值平均值排位的最佳数值。其语法结构和用法与 RANK.AVG 函数相似。下面在“员工测试成绩表 .xlsx”工作簿的“销售二部”工作表中统计员工的排名情况，其具体操作步骤如下。

❶在“销售二部”工作表中选择 J3 单元格；❷打开“插入函数”对话框，在“选择函数”列表框中选择“RANK.EQ”选项；❸单击“确定”按钮。

返回 Excel 工作界面，即可在 I3 单元格中查看利用 RANK.AVG 函数计算出的排名结果。

D	E	F	G	H	I	J
66	51	73	263	65.8	18.0	
91	74	93	340	85.0		
95	93	88	362	90.5		
91	63	86	326	81.5		
95	89	92	352	88.0		
92	78	96	358	89.5		
41	62	86	262	65.5		
70	85	96	322	80.5		
67	82	99	317	79.3		
86	68	97	341	85.3		
89	79	89	329	82.3		
79	84	86	317	79.3		
81	79	95	340	85.0		
79	67	94	317	79.3		
89	97	91	361	90.3		
90	84	94	359	89.8		
52	44	76	221	55.3		

❶将鼠标光标定位至编辑栏中 G3:G22 单元格区域中 G3 所在的位置，然后按【F4】键将 G3 单元格转换为绝对引用；❷将鼠标光标定位至 G22，然后按【F4】键将 G22 单元格转换为绝对引用。

D	E	F	G	H	I	J
		测试成绩表				
工作技能	综合素质	社交能力	总分	名次		
66	51	73	263	65.8		
91	74	93	340			
95	93	88	362			
91	63	86	326	81.5		
95	89	92	352	88.0		
92	78	96	358	89.5		
41	62	86	262	65.5		
70	85	96	322	80.5		
67	82	99	317	79.3		
86	68	97	341	85.3		
89	79	89	329	82.3		
79	84	86	317	79.3		
81	79	95	340	85.0		

STEP 2　设置参数

❶打开"函数参数"对话框，在"Number"文本框中输入需要排序的数字，这里输入"G3"；❷在"Ref"文本框中输入要引用的数字列表，这里输入"G3:G22"；❸在"Order"文本框中输入排列方式，这里输入"0"，按降序排列；❹单击"确定"按钮。

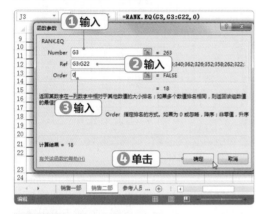

STEP 3　查看计算结果

返回 Excel 工作界面，即可在 J3 单元格中查看利用 RANK.EQ 函数计算出的排名结果。

	D	E	F	G	H	I	J
3	66	51	73	263	65.8	18.0	18
4	91	74	93	340	85.0	9.5	
5	95	93	88	362	90.5	1.5	
6	91	63	86	326	81.5	13.0	
7	95	89	92	352	88.0	7.0	
8	92	78	96	358	89.5	5.5	
9	41	62	86	262	65.5	19.0	
10	70	85	96	322	80.5	14.0	
11	67	82	99	317	79.3	16.0	
12	86	68	97	341	85.3	8.0	
13	89	79	89	329	82.3	12.0	
14	79	84	86	317	79.3	16.0	
15	81	79	95	340	85.0	9.5	
16	79	67	94	317	79.3	16.0	
17	89	97	91	361	90.3	3.0	
18	90	84	94	359	89.8	4.0	
19	52	44	76	221	55.3	20.0	

STEP 4　单元格引用

❶将鼠标光标定位至编辑栏中 G3:G22 单元格区域中 G3 所在的位置，然后按【F4】键将 G3 单元格转换为绝对引用；❷将鼠标光标定位至 G22，然后按【F4】键将 G22 单元格转换为绝对引用。

STEP 5　填充函数

按【Enter】键显示计算结果后，采用拖动 J3 单元格右下角填充柄的方式，将该结果填充到 J4:J22 单元格区域。

	D	E	F	G	H	I	J
	工作技能	综合素质	社交能力	总分	平均分	名次	名次
3	66	51	73	263	65.8	18.0	18
4	91	74	93	340	85.0	9.5	9
5	95	93	88	362	90.5	1.5	1
6	91	63	86	326	81.5	13.0	13
7	95	89	92	352	88.0	7.0	7
8	92	78	96	358	89.5	5.5	5
9	41	62	86	262	65.5	19.0	19
10	70	85	96	322	80.5	14.0	14
11	67	82	99	317	79.3	16.0	15
12	86	68	97	341	85.3	8.0	8
13	89	79	89	329	82.3	12.0	12
14	79	84	86	317	79.3	16.0	15
15	81	79	95	340	85.0	9.5	9
16	79	67	94	317	79.3	16.0	15

操作解谜

排位函数如何选择

最早的排位函数是 Rank 函数，后续新增了 Rank.EQ 和 Rank.AVG 两个排位函数，之前的 Rank 函数就取消了。如果希望对相同数值返回相同的排名值，需要选择 Rank.EQ 函数；如果希望提高对重复值的排名精度，则应选择 Rank.AVG 函数，它可以返回多个相同值的平均排位，具体效果可参见上例中员工名次的排位情况。

6.1.3 平均函数

求平均值是制作 Excel 表格时非常常见的操作。一提到求平均值函数，大家最熟悉的肯定是 AVERAGE 函数，但是该函数会忽略空格和非数值数据，因此，也可使用 AVERAGEA 函数求平均值。下面主要介绍 AVERAGEA 函数和 AVERAGEIF 函数这两种平均函数的使用方法。

微课：平均函数

1. AVERAGEA 函数

AVERAGEA 函数是计算参数列表中数值的平均值。该数值不仅是数字，而且文本和逻辑值 (如 TRUE 和 FALSE) 也将计算在内。下面在"员工测试成绩表 .xlsx"工作簿的"销售一部"工作表中统计员工的平均分，其具体操作步骤如下。

STEP 1 选择函数

❶在"销售一部"工作表中选择 H3 单元格；❷单击【公式】/【函数库】组中的"其他函数"按钮；❸在打开的下拉列表中选择"统计"选项，在打开的子列表中选择"AVERAGEA"选项。

STEP 2 设置参数

❶打开"函数参数"对话框，在"Value1"文本框中输入参与计算的数据"C3:F3"；❷单击"确定"按钮。

STEP 3 查看计算结果

返回 Excel 工作界面，即可在 H3 单元格中查看利用 AVERAGEA 函数计算出的平均值。

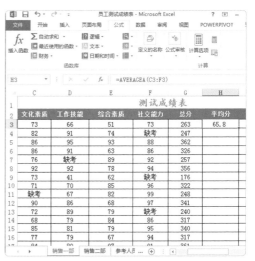

STEP 4 填充函数

采用拖动 H3 单元格右下角填充柄的方式，将该结果填充到 H4:H22 单元格区域。

第 6 章 统计和数学函数的应用

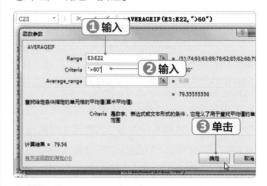

本框中输入要进行计算的区域"E3:E22"；
❷在"Criteria"文本框中输入统计条件""">60"";
❸单击"确定"按钮。

STEP 3 查看计算结果

返回 Excel 工作界面，即可在 C23 单元格中查看利用 AVERAGEIF 函数计算出的平均值。

2. AVERAGEIF 函数

AVERAGEIF 函数返回指定区域内满足给定条件的所有单元格的平均值。下面在"员工测试成绩表 .xlsx"工作簿的"销售一部"工作表中统计"综合素质"及格员工的平均值，其具体操作步骤如下。

STEP 1 选择函数

❶在"销售一部"工作表中选择 C23 单元格；
❷单击【公式】/【函数库】组中的"其他函数"按钮；❸在打开的下拉列表中选择"统计"选项，在打开的子列表中选择"AVERAGEIF"选项。

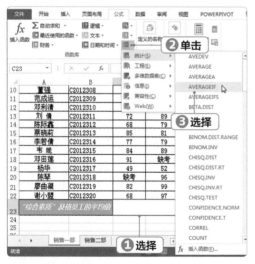

STEP 2 设置参数

❶打开"函数参数"对话框，在"Range"文

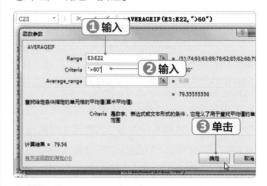

操作解谜

AVERAGEIF 函数的语法结构及其参数

AVERAGEIF(range, criteria, average_range)，其中 range 表示计算平均值的一个或多个单元格，可以是数字，也可以是包含数字的名称、数组或引用，该项必须填写；criteria 表示数字、表达式、单元格引用或文本形式的条件，用于定义要对哪些单元格计算平均值，必须填写；average_range 表示要计算平均值的实际单元格集，如果忽略，则使用 range，该项为可选。

6.2 统计"产品销售情况"

　　产品销售情况表主要是对产品的销售数据进行统计，通过该表格，可以清楚地查看每种产品的基本情况以及销售数据，还可以利用该表格对产品销售额的完成情况进行统计，从而确定哪些产品可以加大营销力度、哪些产品可以提高销售额等。在统计"产品销售情况"工作簿时，主要涉及的操作包括利用 PRODUCT 函数统计实际销售额、利用 MOD 函数和 IF 函数统计完成情况、利用 SUMIF 函数统计某一种产品的实际销售总额等。

6.2.1 常规计算

　　常规计算是指通过 Excel 提供的数学函数来轻松完成数学计算的过程，如求乘积、余数以及按条件求和等，如前面章节介绍过的求和函数 SUM 即属于数学函数。利用这些函数可使一些复杂的运算变得简单，同时能提高运算速度、丰富运算的方法。

微课：常规计算

1. PRODUCT 函数

　　PRODUCT 函数将所有以参数形式给出的数字相乘，并返回乘积值。下面在"产品销售情况 .xlsx"工作簿中统计产品的实际销售额，其具体操作步骤如下。

STEP 1　选择函数

❶打开"产品销售情况 .xlsx"工作簿，在"明细"工作表中选择 J3 单元格；❷单击【公式】/【函数库】组中的"数学和三角函数"按钮；❸在打开的下拉列表框中选择"PRODUCT"选项。

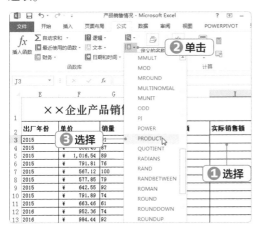

操作解谜

PRODUCT 函数的语法结构及其参数

　　PRODUCT(number1,number2…)，其中参数number1，number2…是要相乘的1～255个数字，可以是单元格区域。

STEP 2　设置参数

❶打开"函数参数"对话框，分别在"Number1""Number2""Number3"文本框中输入"F3""G3""1-H3"；❷单击"确定"按钮。

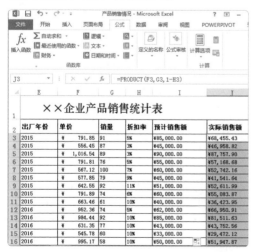

操作解谜

求乘积函数的参数要求

在使用PRODUCT函数时，当参数为数字、逻辑值或数字的文字型表达式时可以被计算，当参数为错误值或是不能转换为数字的文字时将导致错误。

STEP 3 查看计算结果

返回 Excel 工作界面，即可在 J3 单元格中查看利用PRODUCT函数计算出的实际销售额。

STEP 4 填充函数

采用拖动 J3 单元格右下角填充柄的方式，将该结果填充到 J4:J23 单元格区域。

2. MOD 函数

MOD 函数用来返回两个数相除后的余数。其语法结构为：MOD(number,divisor)，其中 number 表示被除数，divisor 表示除数。下面在"产品销售情况 .xlsx"工作簿中综合利用 MOD 函数和 IF 函数统计产品的完成情况，其具体操作步骤如下。

STEP 1 选择函数

❶在"产品销售情况 .xlsx"工作簿的"明细"工作表中选择 K3 单元格；❷单击【公式】/【函数库】组中的"数学和三角函数"按钮；❸在打开的下拉列表框中选择"MOD"选项。

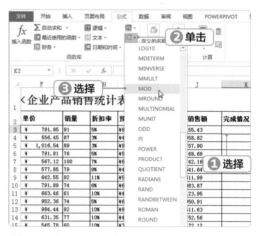

STEP 2 设置参数

❶打开"函数参数"对话框，分别在"Number"和"Divisor"文本框中输入"I3"和"J3"；❷单击"确定"按钮。

操作解谜

求余数函数的参数要求

在使用MOD函数时，一定要注意被除数的使用要求，即无论被除数能不能被整除，其返回值的符号必须与除数的符号相同，且divisor必须为非0数值，否则将返回错误值#DIV/0！。

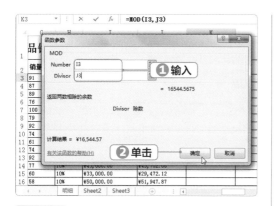

STEP 3　输入公式

❶此时，K3 单元格显示的并不是最终结果，将鼠标光标定位到编辑栏中"="号的后面，并输入"IF("；❷将鼠标光标定位到 MOD 函数最右侧，并输入"=I3"。

STEP 4　输入剩余公式

继续在编辑栏中输入公式的剩余部分"，" 完成 "，" 未完成 ")"，表示如果 MOD 函数计算出的余数等于 I3 单元格的值，则返回"完成"，否则返回"未完成"。

STEP 5　查看计算结果

成功输入完公式后，按【Enter】键即可在 K3 单元格中查看综合利用 MOD 函数和 IF 函数得出的完成情况。

STEP 6　填充函数

重新选择 K3 单元格后，以拖动 K3 单元格右下角填充柄的方式，将该结果填充到 K4:K23 单元格区域。

3. ABS 函数

ABS 函数可以将所有的负值变成正值，正值则不会发生变化。它只改变值的正、负，不会改变数字的大小。下面在 "产品销售情况 .xlsx" 工作簿中统计实际销售额与预计销售额之间的差额，其具体操作步骤如下。

STEP 1　选择函数

❶在 "产品销售情况 .xlsx" 工作簿的 "明细"

工作表中选择 L3 单元格；❷单击【公式】/【函数库】组中的"数学和三角函数"按钮；❸在打开的下拉列表框中选择"ABS"选项。

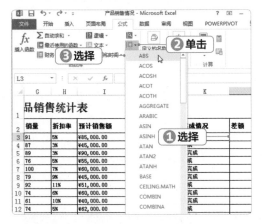

 操作解谜

ABS 函数的语法结构及其参数

ABS(number)，其中number表示需要取绝对值的对象，它可以是数值，也可以是公式或函数计算的结果，如ABS(-5)的结果为5，ABS(5-4)的结果为1。

STEP 2 设置参数

❶打开"函数参数"对话框，在"Number"文本框中输入公式"I3-J3"；❷单击"确定"按钮。

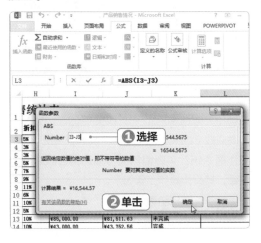

STEP 3 查看计算结果

返回 Excel 工作界面，即可在 L3 单元格中查看利用 ABS 函数计算出的差额。

STEP 4 复制函数

保持 L3 单元格的选择状态，单击【开始】/【剪贴板】组中的"复制"按钮，此时，所选单元格四周将出现虚线边框。

STEP 5 粘贴函数

❶选择 L5 单元格；❷单击【开始】/【剪贴板】组中的"粘贴"按钮，将 L3 单元格中的函数复制到 L5 单元格中。

STEP 6 继续粘贴函数

按照相同的操作方法，继续在"未完成"单元格对应的 L7:L8、L10:L11、L13、L15、L17、L19 单元格中粘贴函数。

技巧秒杀

同时对多个单元格复制和粘贴函数

在本例中，依次选择单元格后再单击【开始】/【剪贴板】组中的"粘贴"按钮进行公式的复制操作比较麻烦。此时，可以在单元格进入复制状态后，按住【Ctrl】键不放，同时选择多个需要复制公式的单元格，然后单击【开始】/【剪贴板】组中的"粘贴"按钮，便可同时对多个单元格一次性进行粘贴操作。

4. SUMIF 函数

　　SUMIF 函数是将用户指定的数据按照一定的条件进行判断和筛选，再将符合条件的数据进行求和。下面在"产品销售情况 .xlsx"工作簿中统计指定产品"357 克特制熟饼"的实际销售总额，其具体操作步骤如下。

STEP 1 选择函数

❶在"产品销售情况 .xlsx"工作簿的"明细"工作表中选择 G25 单元格；❷单击【公式】/【函

数库】组中的"数学和三角函数"按钮；❸在打开的下拉列表框中选择"SUMIF"选项。

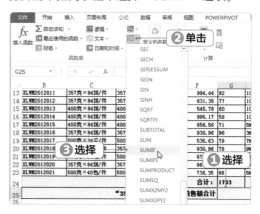

操作解谜

SUMIF 函数的语法结构及其参数

　　SUMIF(range,criteria,sum_range)，其中range表示用于条件判断的单元格区域；criteria表示确定对哪些单元格相加的条件，其形式可以为数字、表达式或文本，例如，表示为32、"32"、">32"或"apples"；sum_range表示要相加的实际单元格（如果区域内的相关单元格符合条件）。如果省略sum_range，则当区域中的单元格符合条件时，它们既按条件计算，也执行相加。

STEP 2 设置参数

❶打开"函数参数"对话框，分别在"Range""Criteria""Sum_range"文本框中输入"A3:A23""357 克特制熟饼""J3:J23"；❷单击"确定"按钮。

技巧秒杀

criteria参数的设置方法

在使用SUMIF函数的过程中，对criteria参数进行设置时，可使用通配符（包括问号(?)和星号(*)）。问号匹配任意单个字符，星号匹配任意一串字符。

际销售额。

STEP 3 查看计算结果

返回 Excel 工作界面，即可在 G25 单元格中
查看利用 SUMIF 函数计算出的指定产品的实

6.2.2 | 舍入计算

公司在处理销售数据的小数位时，往往是对销售额数据进行四舍五入计算，
有时也会对销售额数据进行取整操作。下面通过 Excel 提供的数学和三角函数中
的 TRUNC 函数和 ROUND 函数对数据进行取整和四舍五入操作。

微课：舍入计算

1. TRUNC 函数

TRUNC 函数可将数字的小数部分截去，
返回整数。下面在"产品销售情况.xlsx"工作
簿中，通过 TRUNC 函数和 SUM 函数统计预
计销售额的总和，其具体操作步骤如下。

STEP 1 选择函数

❶在"明细"工作表中选择 I24 单元格；❷单
击【公式】/【函数库】组中的"数学和三角函数"
按钮；❸在打开的下拉列表框中选择"TRUNC"
选项。

 操作解谜

TRUNC 函数的语法结构及其参数

TRUNC(number,num_digits)，其中
number 表示需要截尾取整的数字；num_digits
用于指定取整精度的数字，它的默认值为0。

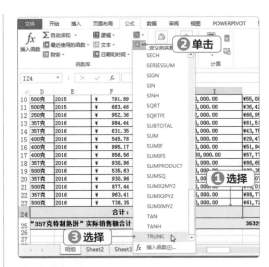

STEP 2 设置参数

❶打开"函数参数"对话框，分别在"Number"
和"Num_digits"文本框中输入"SUM(I3:I23)"
"0"；❷单击"确定"按钮。

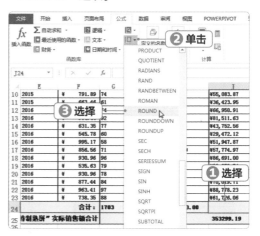

"ROUND"选项。

STEP 3　查看计算结果

返回 Excel 工作界面，即可在 I24 单元格中查看利用 TRUNC 函数和 SUM 函数计算出的预计销售额的总和。

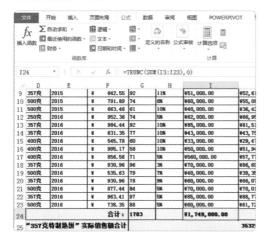

操作解谜

ROUND 函数的语法结构及其参数

ROUND(number,num_digits)，其中 number 表示需要进行四舍五入的数字；num_digits 用于指定的位数，按此位数进行四舍五入。如果 num_digits >0，则四舍五入到指定的小数位；如果 num_digits = 0，则四舍五入到最接近的整数；如果 num_digits < 0，则在小数点左侧进行四舍五入。

2. ROUND 函数

　　ROUND 函数通常用于四舍五入求值。下面在"产品销售情况 .xlsx"工作簿中通过 ROUND 函数和 SUM 函数统计实际销售额的总和，其具体操作步骤如下。

STEP 1　选择函数

❶ 在"明细"工作表中选择 J24 单元格；❷单击【公式】/【函数库】组中的"数学和三角函数"按钮；❸在打开的下拉列表框中选择

STEP 2　设置参数

❶ 打开"函数参数"对话框，分别在"Number"和"Num_digits"文本框中输入"SUM(J3:J23)"和"1"；❷单击"确定"按钮。

第 **6** 章　统计和数学函数的应用

STEP 3 查看计算结果

返回 Excel 工作界面，即可在 J24 单元格中查看利用 ROUND 函数和 SUM 函数计算出的实际销售额的总和。

	E	F		G	H	I		T
9	2015	¥	642.55	92	11%	¥51,000.00		¥52,611.99
10	2015	¥	791.89	74	6%	¥60,000.00		¥55,083.87
11	2015	¥	663.46	61	10%	¥40,000.00		¥36,423.95
12	2016	¥	952.36	74	5%	¥62,000.00		¥66,950.91
13	2016	¥	984.44	92	10%	¥85,000.00		¥81,511.63
14	2016	¥	631.35	77	10%	¥43,000.00		¥43,752.56
15	2016	¥	545.78	60	10%	¥33,000.00		¥29,472.12
16	2016	¥	995.17	58	9%	¥50,000.00		¥51,947.87
17	2016	¥	856.56	71	5%	¥560,000.00		¥57,774.97
18	2016	¥	930.96	96	3%	¥70,000.00		¥86,691.00
19	2016	¥	535.63	79	7%	¥40,000.00		¥39,352.74
20	2016	¥	930.96	78	9%	¥70,000.00		¥66,079.54
21	2016	¥	877.44	84	5%	¥70,000.00		¥70,019.71
22	2016	¥	963.41	97	5%	¥70,000.00		¥88,778.23
23	2016	¥	738.35	88	5%	¥60,000.00		¥61,726.06
24		合计：	1703			¥1,749,000.00		¥1,242,801.8
25	待制熟饼" 实际销售额合计							353299.19

J24 单元格公式：=ROUND(SUM(J3:J23),1)

操作解谜

与 ROUND 函数同类的两个函数

ROUND 函数还有 ROUNDDOWN 和 ROUNDUP 两个同类的函数。其中，ROUNDDOWN 函数是按指定位数舍去数字指定位数后面的小数，如输入 =ROUNDDOWN(8.365,2) 则会出现数字 8.36，将两位小数后的数字全部舍掉；ROUNDUP 函数是按指定位数向上舍入指定位数后面的小数，如输入 =ROUNDUP(5.682,2) 则会出现数字 5.69，将两位小数后的数字舍上去，除非其后为 0。

新手加油站 ——统计和数学函数的应用技巧

1. 用 TRIMMEAN 函数求平均值

除前面介绍的 AVERAGEA、AVERAGEIF 两种求平均值的函数外，还有一种较为常用的求平均值函数——TRIMMEAN。TRIMMEAN 函数可以返回数据集的内部平均值，它从数据集的头部和尾部除去一定百分比的数据点，然后再求平均值。其语法结构为 TRIMMEAN(array,percent)，各参数的含义如下。

array：为需要进行整理并求平均值的数组或数值区域。

percent：为计算时所要除去的数据点的比例，其参数的通用公式为：percent = 1 ÷ 数据总数 × 去除的总数。例如，如果 percent=0.2，表示在 20 个数据点的集合中，要除去 4 个数据点 (20x0.2)：头部除去 2 个，尾部除去 2 个。

下面利用 TRIMMEAN 函数计算选手们的入围成绩，入围成绩的具体计算方法为去除选手最高分和最低分后，求其他分数的平均值。即在 L3 单元格中输入公式"=TRIMMEAN(B3:K3,0.2)"，然后按【Enter】键，即可查看平均分。

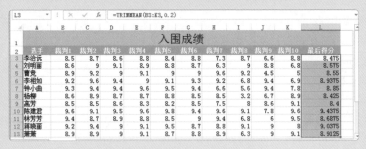

第 2 部分

2. 中国式排列名次

RANK.AVG 函数进行的排名采用的是美式排名方式，而我们的日常习惯是无论有多少位名次相同，下一名依然依次排列，即使有两个第 3 名，下一位仍旧是第 4 名。在使用 RANK.AVG 函数进行排名时，如果有两名选手的名次均为第 6 名，则下一位直接是第 8 名，此时可使用 COUNTIF 函数，在单元格中输入"=SUMPRODUCT((G\$3:G\$12>\$G3)/COUNTIF(G\$3:G\$12,G\$3:G\$12))+1"，这里主要利用了 COUNTIF 函数统计不重复值的原理，实现去除重复值后的排名，总分为"269"的 6、7 号并列第 6 名，总分"265"的 2 号排在第 7 名。

3. 用 COUNT 函数实现多表统计

如果在一个工作簿中包括多张结构完全相同的工作表，就可以使用 COUNT 函数快速统计工资表的发放人数。COUNT 函数的语法结构为：COUNT（Value1,Value2…），其中，Value1,Value2…是 1~255 个参数，可以包含或引用各种不同类型的数据，但只对数字型数据进行计数。如计算"实发工资"的参考人数时，可在单元格中输入函数"=COUNT（行政部 : 研发部 !D:D）"。

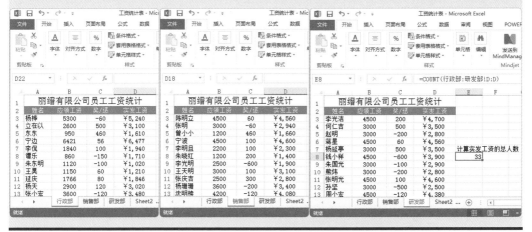

第 6 章 统计和数学函数的应用

高手竞技场——统计和数学函数的应用练习

1. 计算"家畜肉类投资表"

打开"家畜肉类投资表 .xlsx"工作簿，通过 SUMIF 函数、ROUND 函数和 AVERAGEIF 函数计算各产品的成本总额以及各地区的平均成本，要求如下。

● 利用 SUMIF 函数分别计算"生猪""生羊""生牛"的成本金额。
● 利用 AVERAGEIF 函数计算"德阳""南充""巴中"地区的平均成本，并利用 ROUND 函数将平均值保留为小数点后两位。

2. 统计"员工升级考试成绩单"

打开"员工升级考试成绩单 .xlsx"工作簿，计算考试成绩的平均分、排名、参考人数，要求如下。

● 利用 COUNTIF 函数统计参考人员中，男生和女生各是多少人。
● 综合利用 AVERAGEA 函数和 TRUNC 函数，统计考试成绩的平均分，并将其取整。
● 利用 RANK.AVG 函数对参考人员进行排名。

公式与函数

第 7 章

查找和引用函数的应用

/ 本章导读

学习了多种不同类型函数的使用方法后，本章主要介绍一些实用性较强的函数，即查找与引用函数的基础知识和相关的使用方法。其中，普通查找函数 LOOKUP、HLOOKUP 和 VLOOKUP 较常用，综合查找函数 INDEX 与 MATCH 也不能忽视。通过对此类函数的学习，可快速在表格中查找和引用实际需要的数据。

7.1 查找"商品采购和销售一览表"

由于"商品采购和销售一览表"表格数据量大，销售经理要从中查找自己希望的信息比较困难，于是，经理找来小姚，让她想办法将表格的操作简单化，并且能方便查找相关的产品信息。小姚领会经理意图后，决定通过 Excel 提供的查找和引用函数来对当前工作簿进行完善。下面与小姚一起学习如何在工作表中使用查找和引用函数。

7.1.1 普通查找

查找和引用类函数与其他类型的函数相比数量较少，但其实用性较高，通常与其他函数联合使用。下面在"商品采购和销售一览表 .xlsx"工作簿中，详细介绍普通查找函数 LOOKUP、VLOOKUP、HLOOKUP 的使用方法。

微课：普通查找

1. LOOKUP 函数

LOOKUP 函数可从单行、单列区域或数组中查找出相应的数据，它具有向量形式和数组形式两种语法形式。下面在"商品采购和销售一览表 .xlsx"工作簿的"价目表"工作表中采用 LOOKUP 函数的向量形式查找"折扣为 6.8% 的商品"，其具体操作步骤如下。

STEP 1 选择函数

❶打开"商品采购和销售一览表 .xlsx"工作簿，在"价目表"工作表中选择 C13 单元格；❷单击【公式】/【函数库】组中的"查找与引用"按钮；❸在打开的下拉列表中选择"LOOKUP"选项。

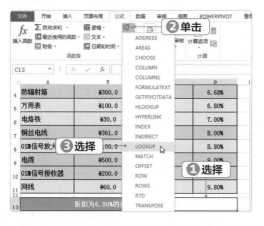

操作解谜

LOOKUP 向量形式语法结构及其参数

LOOKUP 的向量形式用于在单行区域或单列区域/向量中查找数值，再返回第二个单行区域或单列区域中相同位置的数值，当要查找的值列表较大或值可能随时间发生改变时，可使用该向量形式。其语法结构为：LOOKUP(lookup_value,lookup_vector,result_vector)，其中，lookup_value 可以是引用数字、文本或逻辑值等，表示 LOOKUP 在第一个向量中搜索的值；lookup_vector 可以是文本、数字或逻辑值，表示 LOOKUP 只包含一行或一列的区域；result_vector 是可选参数，只包含一行或一列的区域，它必须与 lookup_vector 大小相同。

STEP 2 选定参数

打开"选定参数"对话框，其中提供了"向量形式"参数和"数组形式"参数，这里保持对话框中"向量形式"参数的选择状态，单击"确定"按钮。

STEP 3 设置参数

❶打开"函数参数"对话框，在"Lookup_value"文本框中输入要查询的折扣条件"6.8%"；❷在"Lookup_vector"文本框中输入折扣所在的条件区域"D3:D11"；❸在"Result_vector"文本框中输入查找的对应区域"A3:A11"；❹单击"确定"按钮。

STEP 4 查看计算结果

返回 Excel 工作界面，即可在 C13 单元格中看到利用 LOOKUP 函数得出的商品名称。

	A	B	C	D
2	焊锡丝	¥15.0	35	6.50%
3	防辐射箱	¥300.0	25	6.68%
4	万用表	¥100.0	45	6.80%
5	电烙铁	¥30.0	20	7.00%
6	铜丝电线	¥361.0	50	8.00%
7	GSM信号放大器	¥100.0	56	8.80%
8	电缆	¥500.0	89	9.00%
9	GSM信号接收器	¥200.0	28	9.60%
10	网线	¥60.0	44	9.80%
11				
13	折扣为6.80%的商品		万用表	

价目表　采购记录　销售记录 …

操作解谜

LOOKUP 函数使用注意事项

LOOKUP函数是一个只有升序查找功能的函数，使用该函数的关键点是，参数 lookup_vector（查找的范围）中的数值必须按升序排序：−2、−1、0、1、2…、A−Z、FALSE、TRUE。否则，LOOKUP函数可能会返回错误的结果。针对本例而言，如果不将"折扣"列按升序排序，将会出现错误结果。

2. VLOOKUP 函数

VLOOKUP 函数是 Excel 中的一个纵向查找函数，它是按列查找，最终返回该列所需查询列序所对应的值。下面继续在"商品采购和销售一览表 .xlsx"工作簿的"采购记录"工作表中通过采购定单号查询采购产品的日期、名称、代码、单价，其具体操作步骤如下。

STEP 1 输入采购单号

❶在"商品采购和销售一览表 .xlsx"工作簿中选择"采购记录"工作表；❷在 C13 单元格中输入要查询的采购单号"D05-3"。

STEP 2 选择函数

❶在"采购记录"工作表中选择 B18 单元

格；❷单击【公式】/【函数库】组中的"查找与引用"按钮；❸在打开的下拉列表中选择"VLOOKUP"选项。

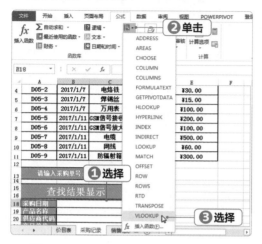

操作解谜

VLOOKUP 函数语法结构及其参数

VLOOKUP 函数的语法结构为：VLOOKUP(lookup_value,table_array,col_index_num,range_lookup)，其中，lookup_value表示在表格或区域的第一列中搜索的值；table_array表示包含数据的单元格区域；col_index_num表示table_array参数中必须返回的匹配值的列号，如果col_index_num参数为1，返回table_array第一列中的值；range_lookup表示逻辑值（TRUE或FALSE），是可选参数，指定VLOOKUP查找是精确匹配值还是近似匹配值；如果range_lookup为TRUE或被省略，则返回精确匹配值。

STEP 3 设置参数

❶打开"函数参数"对话框，在"Lookup_value"文本框中输入需要进行查询的值"C13"；❷在"Table_array"文本框中输入包含查询数据的单元格区域"A3:B11"；❸在"Col_index_num"文本框中输入满足条件的单元格在数组区域 Table_array 中的列序号"2"；

❹在"Range_lookup"文本框中输入"FALSE"，表示模糊查找；❺单击"确定"按钮。

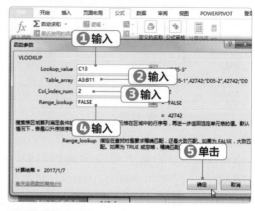

STEP 4 查看计算结果

返回 Excel 工作界面，即可在 B18 单元格中看到利用 VLOOKUP 函数查找的采购单号为"D05-3"产品的采购日期。

	A	B	C	D	E	F
3	D05-1	2017/1/7	铜丝电线	CQ-35	¥361.00	
4	D05-2	2017/1/7	电烙铁	CQ-57	¥30.00	
5	D05-3	2017/1/7	焊锡丝	CQ-70	¥15.00	
6	D05-4	2017/1/7	万用表	CQ-71	¥100.00	
7	D05-5	2017/1/11	GSM信号接收器	GD-03	¥200.00	
8	D05-6	2017/1/11	GSM信号放大器	GD-03	¥100.00	
9	D05-7	2017/1/11	电缆	GD-05	¥500.00	
10	D05-8	2017/1/11	网线	CQ-36	¥60.00	
11	D05-9	2017/1/11	防辐射箱	GD-03	¥300.00	
12						
13	请输入采购单号：		D05-3			
14/15						
	查找结果显示					
18	采购日期		2017/1/7			
19	产品名称					

B18 = =VLOOKUP(C13,A3:B11,2,FALSE)

STEP 5 查找其他信息

按照相同的操作方法，利用 VLOOKUP 函数继续查找采购单号为"D05-3"产品的"产品名称""供应商代码""商品单价"。

	A	B	C	D	E	F
6	D05-4	2017/1/7	万用表	CQ-71	¥100.00	
7	D05-5	2017/1/11	GSM信号接收器	GD-03	¥200.00	
8	D05-6	2017/1/11	GSM信号放大器	GD-03	¥100.00	
9	D05-7	2017/1/11	电缆	GD-05	¥500.00	
10	D05-8	2017/1/11	网线	CQ-36	¥60.00	
11	D05-9	2017/1/11	防辐射箱	GD-03	¥300.00	
12						
13	请输入采购单号：		D05-3			
14/15						
	查找结果显示					
18	采购日期		2017/1/7			
19	产品名称		焊锡丝			
20	供应商代码		CQ-70			
21	商品单价		15			

第 2 部分

STEP 6 根据索引查找

重新在 C13 单元格中输入任意一个采购单号，这里输入"D05-1"后按【Enter】键，即可在 B18:B21 单元格区域中自动显示对应的采购日期、产品名称、供应商代码和商品单价。

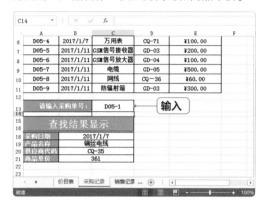

3. HLOOKUP 函数

VLOOKUP 是在数据区域按垂直方向进行查找和搜索，如果用户需要对含有数据区域的数据进行水平搜索，则可使用 HLOOKUP 函数来实现。下面在"商品采购和销售一览表 .xlsx"工作簿的"销售记录"工作表中查找引用"奖金比例"，其具体操作步骤如下。

STEP 1 选择函数

❶在"销售记录"工作表中选择 G3 单元格；❷单击【公式】/【函数库】组中的"查找与引用"按钮；❸在打开的下拉列表中选择"HLOOKUP"选项。

操作解谜

HLOOKUP 函数语法结构及其参数

HLOOKUP 函数的语法结构为：HLOOKUP(lookup_value,table_array,row_index_num,range_lookup)，其参数与 VLOOKUP 的参数含义相同，只是将其中的 col_index_num 换成 row_index_num，它表示 table_array 中待返回的匹配值的行序号。如果 col_index_num 参数小于1，函数会返回错误值"#VALUE!"；而当其大于 table_array 的行数时，则会返回错误值"#REF!"。

STEP 2 设置参数

❶打开"函数参数"对话框，在"Lookup_value"文本框中输入"F3"；❷在"Table_array"文本框中输入"$J$4:$L$5"，表示绝对引用该单元格区域中的数据；❸在"Row_index_num"文本框中输入满足条件的单元格在数组区域 Table_array 中的行序号"2"；❹单击"确定"按钮。

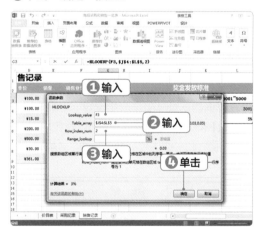

STEP 3 查看计算结果

返回 Excel 工作界面，即可在 G3 单元格中看到利用 HLOOKUP 函数查找引用的奖金比例。

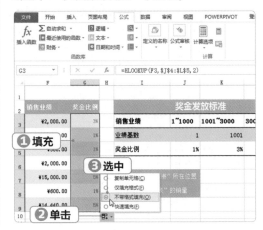

动填充选项"按钮；❸在打开的下拉列表中单
击选中"不带格式填充"单选项。

STEP 4 复制函数

❶拖动 G3 单元格右下角的填充柄，将公式快
速填充至 G4:G9 单元格区域中；❷单击"自

7.1.2 引用查找

在介绍完普通查找函数的使用方法后，下面介绍 MATCH 和 INDEX 这两
种引用查找函数，它们既可以单独应用，也可以联合使用，这样能更好地发挥其
作用。

微课：引用查找

1. MATCH 函数

MATCH 函数可在单元格区域中搜索指定
项，然后返回该项在单元格区域中的相对位置。
下面在"商品采购和销售一览表 .xlsx"工作簿
的"销售记录"工作表中查找销售员"林淋"
在表格中的位置，其具体操作步骤如下。

STEP 1 选择函数

❶在"销售记录"工作表中选择 K7 单元格；
❷单击【公式】/【函数库】组中的"查找与引用"
按钮；❸在打开的下拉列表中选择"MATCH"
选项。

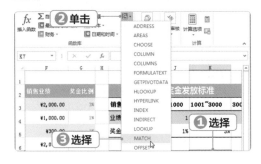

操作解谜

MATCH 函数语法结构及其参数

MATCH 函数的语法结构为：
MATCH(lookup_value,lookup_array,match_type)，其中，lookup_value表示在选定区域
中需查找的数值；lookup_array表示要搜索的
单元格区域；match_type为可选参数，用于
指明以何种方式在lookup_array参数中查找
lookup_value，应为数字-1、0或1，默认
为1。

STEP 2 设置参数

❶打开"函数参数"对话框，在"Lookup_value"文本框中输入要查找的数据""林淋""；
❷在"Lookup_array"文本框中输入要搜索
的区域"B3:B9"；❸在"Match_type"文
本框中输入"0"；❹单击"确定"按钮。

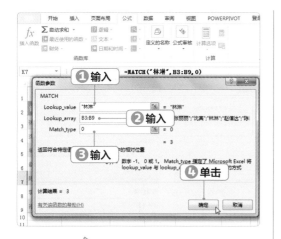

技巧秒杀

准确指定查询方式

函数中"match_type"参数的查找值分为1
或省略、0、-1三种。如果要查找小于或等
于指定内容的最大值,则输入1,同时,指
定区域须按升序排列;如果查找等于指定
内容的第1个数值,则输入0;如果查找大
于或等于指定内容的最小值,则输入-1,
同时,指定区域须按降序排列。

STEP 3 查看计算结果

返回 Excel 工作界面,即可在 K7 单元格中看
到利用 MATCH 函数得出的"林淋"所在位置。

2. INDEX 函数

INDEX 函数返回表格或区域中的值或值的
引用,它分为数组形式和引用形式两种。下面
在"商品采购和销售一览表 .xlsx"工作簿的"销
售记录"工作表中采用 INDEX 函数的数组形式
查找"万用表"的销量,其具体操作步骤如下。

STEP 1 选择函数

❶在"销售记录"工作表中选择 K8 单元格;
❷单击【公式】/【函数库】组中的"查找与引用"
按钮;❸在打开的下拉列表中选择"INDEX"
选项。

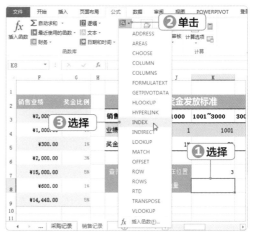

 操作解谜

INDEX 函数语法结构及其参数

INDEX函数的数组形式返回指定单元
格或单元格数组的内容或值,其语法结构
为:INDEX(array,row_num,column_num),其
中,array表示单元格区域或数组常量,row_
num表示指定返回行序号,colum_num表示
指定返回的列序号。

STEP 2 选定参数

打开"选定参数"对话框,其中提供了两种参
数形式,这里保持"数组形式"参数的选择状态,
然后单击"确定"按钮。

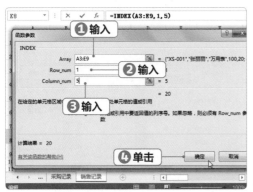

STEP 3 设置参数

❶打开"函数参数"对话框，在"Array"文本框中输入单元格区域"A3:E9"；❷在"Row_num"文本框中输入要返回值的行序号"1"；❸在"Colum_num"文本框中输入在返回值的列序号"5"；❹单击"确定"按钮。

STEP 4 查看计算结果

返回 Excel 工作界面，即可在 K8 单元格中看到利用 INDEX 函数得出的"万用表"销量。

操作解谜

INDEX 函数使用的注意事项

　　INDEX函数中的参数row_num和column_num必须指向数组中的某个单元格。否则，INDEX函数将会出错，并返回 #REF! 的错误值。

7.2 查询"客服管理表"

　　公司售后服务部最近接到许多客户的投诉，大多数客户对客服服务不太满意。为了重新整顿内部的客服环节，提高广大客户的满意程度，公司要求小姚在最短的时间内编制出用于查询和分析客户信息的表格。该表格的制作重点在于方便对客户信息的维护和查询，主要涉及的操作有 INDEX 与 MATCH 函数综合查询、TRANSPOSE 函数和 OFFSET 函数的使用。

7.2.1 综合查询

　　综合查询是指将 INDEX 和 MATCH 函数组合起来，其中，MATCH 函数可以返回指定内容所在的位置，INDEX 函数又可以根据指定位置查询到位置所对应的数据，各取其优点，就可以在工作表中进行反向和多条件查询。

微课：综合查询

1. 反向查找

反向查找是指根据某一项指定条件查找出相应内容。下面在"客服管理表 .xlsx"工作簿的"明细"工作表中采用 INDEX+MATCH 函数的方式，根据客户代码查找客户信息，其具体操作步骤如下。

STEP 1　输入函数

❶打开"客服管理表 .xlsx"工作簿，在"明细"工作表中选择 K6 单元格；❷将鼠标光标定位到编辑栏中，输入 INDEX 函数要引用的区域"=INDEX(C3:C27)"。

STEP 2　输入函数

继续在编辑栏的 INDEX 函数中输入嵌套函数",MATCH(J6,B3:B27,0)"，表示根据客户代码在 B 列查找位置。

STEP 3　查看计算结果

按【Enter】键返回 Excel 工作界面，即可在 K6 单元格中看到利用 INDEX+MATCH 函数，

根据客户代码，得出的客户性质。

STEP 4　查找其他客户

在"明细"工作表中选择 J6 单元格后输入要查找的客户代码，这里输入"YC2017020"，然后按【Enter】键，即可在 K6 单元格中自动显示对应的客户性质。

技巧秒杀

正确输入函数

如果已经熟练掌握函数参数和语法结构，此时就可以直接在编辑栏中输入函数内容，以便提高工作效率。同时，为了保证输入函数的正确性，一定要注意一些输入方法，如应在英文状态下输入"，""："""""""()"等符号，在公式中如果引用文本内容（含各种符号、文字、字母等）、函数参数、日期数据等内容时要加上双引号等。

2. 多条件查找

多条件查询是指根据多项指定条件查找出相应内容。下面在"客服管理表.xlsx"工作簿的"明细"工作表中采用 INDEX+MATCH 函数的方式，根据客户姓名、客户性质查找意向购买量，其具体操作步骤如下。

STEP 1 输入函数

❶在"客服管理表.xlsx"工作簿的"明细"工作表中选择 K13 单元格；❷将鼠标光标定位到编辑栏中，输入 INDEX 函数要引用的区域"=INDEX(D3:D27)"。

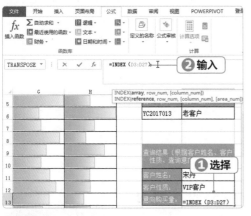

STEP 2 输入函数

继续在编辑栏的 INDEX 函数中输入嵌套函数",MATCH(K11&K12,A3:A27&C3:C27,0)"，表示在"客户姓名"和"客户性质"合并后的数组中直接进行合并查找。

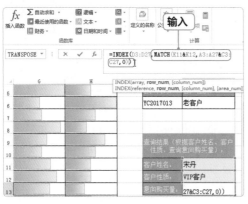

操作解谜

公式中为什么要用"&"符号

"&"是连结符号，针对本例而言，在公式中使用"&"符号是表示数组运算（一组数与另一组数同时运算）。

STEP 3 查看计算结果

按【Ctrl+Shift+Enter】组合键返回 Excel 工作界面，即可在 K13 单元格中看到利用 INDEX+MATCH 函数，根据客户姓名和客户性质，得出的意向购买量。

STEP 4 查找其他客户

在"明细"工作表的 K11、K12 单元格中，分别输入要查找客户的姓名和性质，然后按【Enter】键，即可在 K13 单元格中自动显示对应的意向购买量。

7.2.2 高级引用

在制作表格的过程中，为了满足不同的使用要求，有时需要对单元格区域进行定位或统计，有时需要将数据区域中的行或列进行转换，此时可以使用 OFFSET 函数和 TRANSPOSE 函数来实现。

微课：高级引用

1. OFFSET 函数

OFFSET 函数以指定的引用区域为参照系，通过给定偏移量得到新的引用。返回的引用可以为一个单元格或单元格区域。下面在"客服管理表 .xlsx"工作簿的"明细"工作表中利用 OFFSET 函数查找指定客户的实际购买量，其具体操作步骤如下。

STEP 1 选择函数

❶在"明细"工作表中选择 K17 单元格；❷单击【公式】/【函数库】组中的"查找与引用"按钮；❸在打开的下拉列表中选择"OFFSET"选项。

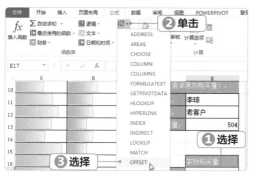

STEP 2 设置参数

❶打开"函数参数"对话框，在"Reference"文本框中输入作为参照系的引用区域"$A$2"；❷在"Rows"文本框中输入相对于参照系左上角单元格的上（下）偏移行数"MATCH(J17,$A$3:$A$27,0)"；❸在"Cols"文本框中输入相对于参照系左上角单元格的左（右）偏移列数；❹单击"确定"按钮。

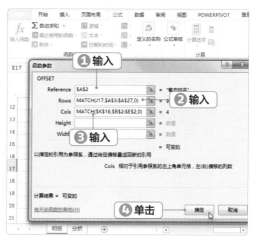

操作解谜

OFFSET 函数语法结构及其参数

OFFSET 函数的语法结构为：OFFSET(reference,rows,cols,height,width)，其中，reference作为偏移量参照系的引用区域，该区域为单元格或相连单元格区域；rows相对于偏移量参照系的左上角单元格，上（下）偏移的行数；cols相对于偏移量参照系的左上角单元格，左（右）偏移的列数；height为返回引用区域的行数；width为返回引用区域的列数。

操作解谜

OFFSET 函数使用注意事项

如果省略OFFSET函数中的height或width参数，则假设其高度或宽度与reference相同。除此之外，如果行数和列数偏移量超出工作表边缘，函数 OFFSET 将返回错误值 #REF!。

STEP 3 查看计算结果

返回 Excel 工作界面，即可在 K17 单元格中看到利用 OFFSET 函数，根据客户姓名得出的实际购买量。

STEP 4 复制函数

采用拖动 K17 单元格右下角的填充柄的方式，将公式复制到 K18:k20 单元格区域。

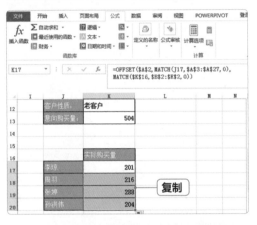

2. TRANSPOSE 函数

TRANSPOSE 函数可返回转置单元格区域，即将行单元格区域转置成列单元格区域。下面在"客服管理表 .xlsx"工作簿的"分析"工作表中，利用 TRANSPOSE 函数转置 A1:N5 单元格区域，其具体操作步骤如下。

STEP 1 选择函数

❶在"客服管理表 .xlsx"工作簿的"分析"工作表中选择 A6:E19 单元格区域；❷单击【公式】/【函数库】组中的"查找与引用"按钮；❸在打开的下拉列表中选择"TRANSPOSE"选项。

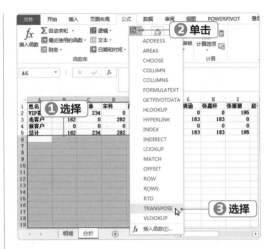

操作解谜

TRANSPOSE 函数参数及其语法结构

TRANSPOSE 函数的语法结构为：TRANSPOSE(array)，其中 array 参数表示需要进行转置的数组或工作表中的单元格区域。注意，在数据区域转置之前，应在工作表中首先选择对应的行和列。如果要转置的区域为 3 行 6 列，那么在转置前应首先选择 3 行 6 列的单元格区域来放置转置后的数据。

STEP 2 设置参数

打开"函数参数"对话框，在"Array"文本框中输入"A1:N5"，然后按【Ctrl+Shift+Enter】组合键。

STEP 3　查看计算结果

返回 Excel 工作界面，即可在 A6:E19 单元格
区域中看到利用 TRANSPOSE 函数转置所选
区域的效果。

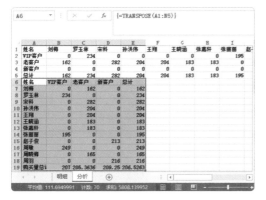

STEP 4　添加边框

❶保持 A6:E19 单元格区域的选择状态，单击
【开始】/【字体】组中的"边框"右侧的下拉按钮；
❷在打开的下拉列表中选择"所有框线"选项。

STEP 5　调整列宽

将鼠标光标定位在 A 列单元格的边框线上，当
鼠标光标呈十字双向箭头形状时，按住鼠标左
键不放向右拖动。此时，表格中将出现一条随
鼠标移动的竖线，并显示对应的列宽大小。将
鼠标拖动至目标宽度后，释放鼠标，调整表格
列宽。

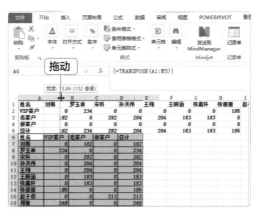

STEP 6　查看效果

此时，A 列单元格的宽度便调整为"13.86"，
该列单元格中的数据将全部显示出来。

技巧秒杀

自动换行显示数据

如果希望在不改变单元格列宽的前提下全
部显示数据，可以首先单击【开始】/【对
齐方式】组中的"自动换行"按钮，然后
按住鼠标左键不放向下拖动单元格的行标
线，此时，表格中将出现一条随鼠标移动
的横线，并显示对应的行高大小，直至将
单元格中的数据全部显示后，再释放鼠
标，即可调整行高而不改变列宽。

新手加油站 ——查找和引用函数的应用技巧

1. VLOOKUP 函数的反向查找

一般情况下，VLOOKUP 函数只能从左向右查找。但如果需要从右向左查找，则需要把列的位置用数组进行互换，即首先利用 IF 函数的数组效应把两列换位重新组合后，再利用 VLOOKUP 函数进行查找。

如通过员工姓名查找编号，即可在 K5 单元格中输入公式"=VLOOKUP(K4,IF({1,0},B3:B17,A3:A17),2,FALSE)"，其中，"K4"表示要搜索的值；"IF ({1,0},B3:B17,A3:A17)"是本公式的核心内容，表示搜索数据的信息表；"2"表示满足条件单元格的列序号，由于 A 列和 B 列已互换，因此要搜索的编号应该是"2"而不是"1"；"FALSE"表示大致匹配方式。

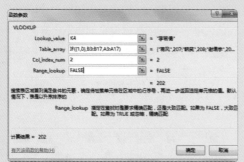

2. VLOOKUP 函数的多条件查找

VLOOKUP 函数一般只能查询单个条件，也就是第一参数是一个查找值。如果希望实现多条件查找，VLOOKUP 就只能借用数组来实现。下面通过 VLOOKUP 函数查找姓名相同的员工"白丽"的基本工资，其具体操作步骤如下。

❶ 在工作表中将要查询的条件字段"姓名"和"职务"用"&"符号连接在一起，即"A20&B20"。

❷ 同样，将原始区域两列"姓名"所在列和"工号"所在列也合并在一起，即"A2:A17&B2:B17"。

❸ 利用 IF 函数第一参数的数组，把生成的"姓名"和"工号"连接起来，即"IF({1,0},A2:A17&B2:B17,E2:E17)"。

❹ 最后，在 C20 单元格中将上述内容整合在 VLOOKUP 中，即输入公式"=VLOOKUP(A20&B20,IF({1,0},A2:A17&B2:B17,E2:E17),2,FALSE)，最后按【Ctrl+Shift+Enter】组合键，即可根据"姓名"和"职务"两个条件查询基本工资。

如果希望查询表格中具有相同条件的某一字段内容，使用 VLOOKUP 函数的多条件查询功能非常合适。

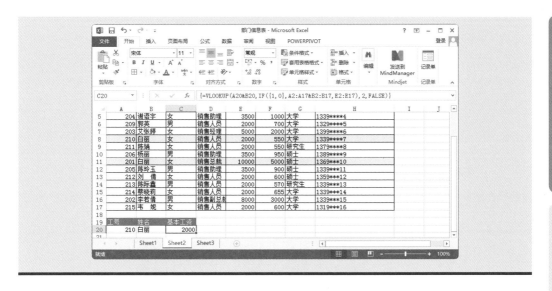

高手竞技场 ——查找和引用函数的应用练习

1. 查找"个税信息表"工作簿

打开"个税信息表 .xlsx"工作簿，在其中通过个人收入金额查找应缴纳的个人所得税的税率，要求如下。

● 个税的起征点是 3 500 元，因此在设置 HLOOKUP 函数的"lookup_value"参数时，应将个人收入减去起征额 3 500 后再进行搜索。

● 利用 HLOOKUP 函数查询"参考税率"和"实际扣除数"。

2. 查找"楼盘销售情况"工作簿

打开"楼盘销售情况 .xlsx"工作簿，在其中通过 VLOOKUP 函数和 HLOOKUP 函数查询指定房价的楼盘信息，要求如下。

● 在 C25 单元格中输入房价，这里输入"5 000"，然后利用 VLOOKUP 函数查找相应的"楼盘名称""楼盘位置""楼盘面积""购房金额"。

● 利用 HLOOKUP 函数查询"首付金额"。

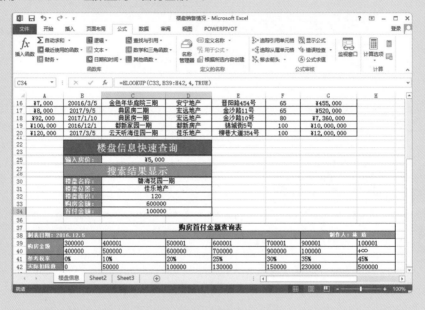

第2部分

第8章

财务函数的应用

/ 本章导读

在前面的章节中讲解了不同类型函数的使用方法，本章进一步深入地讲解与会计工作相关函数的使用，即财务类函数，主要是对其中常用的函数进行讲解，如投资函数、贷款函数和折旧函数以及证券函数等。用户掌握这些函数的使用方法后，可轻松解决实际工作中的问题。

贷款投资经营表 - Microsoft Excel	折旧明细表 - Microsoft Excel
公式 数据 审阅 视图 POWERPIVOT	局 公式 数据 审阅 视图 POWERPIVOT
查找与引用 定义名称 追踪引用	定义名称 追踪引用单元
数学和三角函数 用于公式 追踪引	用于公式 追踪从属单元
间 其他函数 根据所选内容创建 移去箭头	管理器 根据所选内容创建 移去箭头
定义的名称	定义的名称 公

`=IRR(H4:H14)`　　　　　　　　`=SLN(E3,F3,G3)`

C	D	E		E	F	G	H
贷 款 投 资 经 营				**用细表**			
贷款期限: 10	年利率: 9.8%						
机器折旧值	各期利息	各期本金	本	原值	预计净残值	使用年限	年折旧额（使DB函数）
￥481,818.18	￥352,800.00	￥228,059.09	￥5	￥2,300.0	￥115.0	12	￥508.3
￥433,636.36	￥330,450.21	￥250,408.88	￥5	￥10,476.0	￥0.0	12	￥10,476.0
￥385,454.55	￥305,910.14	￥274,948.95	￥5	￥189,651.1	￥9,482.6	12	￥41,912.9
￥337,272.73	￥278,965.14	￥301,893.95	￥5	￥1,900.0	￥95.0	12	￥419.9
￥289,090.91	￥249,379.53	￥331,479.56	￥5	￥10,700.0	￥0.0	12	￥10,700.0
￥240,909.09	￥216,894.54	￥363,964.55	￥5	￥1,830.0	￥0.0	12	￥1,830.0
￥192,727.27	￥181,226.01	￥399,633.08	￥5	￥20,300.0	￥0.0	12	￥20,300.0
￥144,545.45	￥142,061.97	￥438,797.12	￥5	￥51,978.0	￥0.0	12	￥51,978.0
￥96,363.64	￥99,059.85	￥481,799.24	￥5	￥3,400.0	￥0.0	12	￥3,400.0
￥48,181.82	￥51,843.53	￥529,015.57	￥5	￥20,000.0	￥0.0	12	￥20,000.0
￥2,650,000.00	￥2,208,590.92	￥3,600,000.00	￥5,8	￥2,000.0	￥100.0	3	￥442.0
				￥28,800.0	￥1,000.0	3	￥19,411.2
				￥30,150.0	￥0.0	3	￥30,150.0
				￥1,900.0	￥95.0	3	￥1,200.8
				￥16,000.0	￥0.0	1	￥16,000.0

8.1 计算"固定资产统计表"

固定资产是企业的重要资本之一，应按照科学化、规范化和精细化的要求，对固定资产加强管理。在管理企业的固定资产时，不仅要了解固定资产的变动情况，而且应对资产的折旧明细进行了解，这样才能判断出需要维护、需要淘汰、需要增加的资产。下面，就对小姚制作的"固定资产统计表"进行分析和处理。

8.1.1 余额折旧函数

折旧值函数是用于计算固定资产折旧值。在 Excel 中可用于计算资产的折旧值的函数主要有 DB、DDB 和 VDB 函数 3 个，它们都是用来计算资产在一段时间内的折旧值，不同的是这 3 个函数指定的折旧方法有所差异。下面在"固定资产统计表 .xlsx"工作簿中详细介绍这 3 个函数的使用方法。

微课：余额折旧函数

1. DB 函数

DB 函数使用固定余额递减法，计算一笔资产在给定期间内的折旧值。下面在"固定资产统计表 .xlsx"工作簿的"折旧明细"工作表中计算固定资产第 1 年的折旧额，其具体操作步骤如下。

STEP 1 选择函数

❶打开"固定资产统计表 .xlsx"工作簿，在"折旧明细"工作表中选择 G4 单元格；❷单击【公式】/【函数库】组中的"财务"按钮；❸在打开的下拉列表框中选择"DB"选项。

操作解谜

DB 函数语法结构及其参数

DB函数的语法结构为：DB(cost,salvage,life,period,month)，其中，cost为资产原值，不能为负数；salvage为资产在折旧期末的价值（也称为资产残值）；life为折旧期限（也称为资产的使用寿命）；period为需要计算折旧值的期间，必须使用与life相同的单位，如period参数按年计算，那么life参数也要按年计算；month为第一年的月份数，如省略，则假设为12。

STEP 2 设置参数

❶打开"函数参数"对话框，在"Cost"文本框中输入资产原值"C4"；❷在"Salvage"文本框中输入资产残值"F4"；❸在"Life"文本框中输入固定资产使用期限"E4"；❹在"Period"文本框中输入需要计算的折旧期间，这里计算固定资产第 1 年的折旧额，故输入"1"，❺单击"确定"按钮。

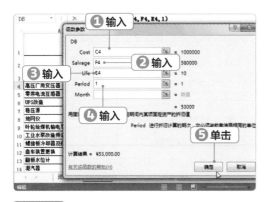

STEP 3 查看计算结果

返回 Excel 工作界面，即可在 G4 单元格中看到利用 DB 函数得出的固定资产第 1 年的折旧额。

G4		f_x	=DB(C4,F4,E4,1)		

	B	C	D	E	F	G
1						××企业固定资产折旧明
2	类别	原值	购置日期	使用年限	净残值	
3						DB固定余额递
4	设备	¥1,000,000.00	2012/7/1	10	¥580,000.00	¥53,000.00
5	设备	¥102,039.90	2012/7/1	10	¥5,102.00	
6	设备	¥60,355.80	2013/12/1	10	¥3,017.79	
7	设备	¥100,593.00	2013/12/1	10	¥5,029.65	
8	设备	¥101,202.20	2013/12/1	10	¥5,060.11	
9	零部件	¥75,302.80	2012/1/1	3	¥3,765.14	
10	设备	¥84,704.40	2011/12/1	10	¥4,235.22	
11	零部件	¥60,002.70	2012/12/1	3	¥3,000.14	
12	设备	¥75,302.80	2011/12/1	10	¥3,765.14	
13	仪器	¥65,091.20	2011/1/1	5	¥3,264.56	
14	设备	¥109,406.10	2014/7/1	10	¥5,470.31	

资产变动 折旧明细

STEP 4 复制函数

采用拖动 G4 单元格右下角的填充柄的方式，将 G4 单元格中的公式复制到 G5:G27 单元格区域中。

G4		f_x	=DB(C4,F4,E4,1)		

	B	C	D	E	F	G
1						××企业固定资产折旧明
2	类别	原值	购置日期	使用年限	净残值	
3						DB固定余额递
4	设备	¥1,000,000.00	2012/7/1	10	¥580,000.00	¥53,000.00
5	设备	¥102,039.90	2012/7/1	10	¥5,102.00	¥26,428.33
6	设备	¥60,355.80	2013/12/1	10	¥3,017.79	¥15,632.15
7	设备	¥100,593.00	2013/12/1	10	¥5,029.65	¥26,053.59
8	设备	¥101,202.20	2013/12/1	10	¥5,060.11	¥26,211.37
9	零部件	¥75,302.80	2012/1/1	3	¥3,765.14	¥47,591.37
10	设备	¥84,704.40	2011/12/1	10	¥4,235.22	¥21,938.44
11	零部件	¥60,002.70	2012/12/1	3	¥3,000.14	¥37,921.71
12	设备	¥75,302.80	2011/12/1	10	¥3,765.14	¥19,503.43
13	仪器	¥65,091.20	2011/1/1	5	¥3,264.56	¥29,356.13
14	设备	¥109,406.10	2014/7/1	10	¥5,470.31	¥28,336.18

2. DDB 函数

DDB 函数可使用双倍余额递减法或其他指定方法计算固定资产在给定期间内的折旧值。下面在"固定资产统计表.xlsx"工作簿的"折旧明细"工作表中计算第 1 年的折旧额，其具体操作步骤如下。

STEP 1 选择函数

❶在"固定资产统计表.xlsx"工作簿的"折旧明细"工作表中选择 H4 单元格；❷单击【公式】/【函数库】组中的"财务"按钮；❸在打开的下拉列表框中选择"DDB"选项。

操作解谜

DDB 函数语法结构及其参数

DDB 函数的语法结构为：DDB(cost, salvage,life,period,factor)，该函数中前4项参数的含义与DB函数中参数的含义相同，唯一不同的参数是factor，该参数表示余额递减速率，一般为"2"，也可以自定义。

STEP 2 设置参数

❶打开"函数参数"对话框，在"Cost"文本框中输入资产原值"C4"；❷在"Salvage"文本框中输入资产残值"F4"；❸在"Life"文本框中输入固定资产使用期限"E4"；❹在

"Period"文本框中输入进行计算的折旧期间
"1"，**⑤**单击"确定"按钮。

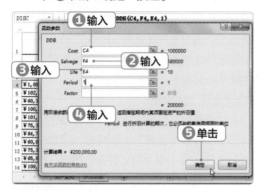

STEP 3 查看计算结果

返回 Excel 工作界面，即可在 H4 单元格中看到利用 DDB 函数得出的固定资产第 1 年的折旧额。

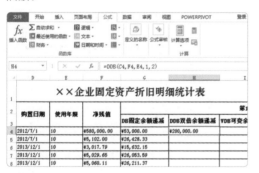

STEP 4 复制函数

采用拖动 H4 单元格右下角的填充柄的方式，将 H4 单元格中的公式复制到 H5:H27 单元格区域中。

3. VDB 函数

VDB 函数使用双倍余额递减法或其他指定的方法，返回指定的任何期间内（包括部分期间）的资产折旧值。下面在"固定资产统计表 .xlsx"工作簿的"折旧明细"工作表中计算第 1 年的折旧额，其具体操作步骤如下。

STEP 1 选择函数

①在"折旧明细"工作表中选择 I4 单元格；
②单击【公式】/【函数库】组中的"财务"按钮；
③在打开的下拉列表框中选择"VDB"选项。

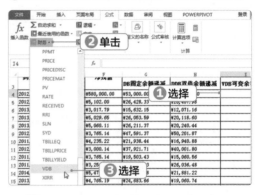

操作解谜

VDB 函数语法结构及其参数

VDB 函数的语法结构为：VDB(cost, salvage,life,start_period,end_period,factor,no_switch)，其中，前 3 项参数含义与 DB 和 DDB 函数相同，剩余参数的含义为：start_period 为进行折旧计算的起始期间，start_period 必须与 life 的单位相同；end_period 为进行折旧计算的截止期间，end_period 必须与 life 的单位相同；factor 为余额递减速率（折旧因子），如果 factor 被省略，则假设为 2（双倍余额递减法），也可以自定义 factor 的值；no_switch 为逻辑值，指定当折旧值大于余额递减计算值时，是否转用直线折旧法，no_switch 为逻辑值，必须设置为 TRUE 或 FALSE，不能是其他的文本或数字。

STEP 2 设置参数

❶打开"函数参数"对话框,其中,与 DDB 函数相同的这里就不在赘述,在"Start_period"文本框中输入进行折旧计算的开始期次"0";❷在"End_period"文本框中输入进行折旧计算的结束期次"1";❸在"Factor"文本框中输入指定的余额递减速率"$B$29";❹在"No_switch"文本框中输入"TRUE";❺单击"确定"按钮。

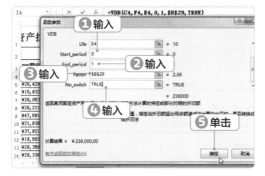

STEP 3 查看计算结果

返回 Excel 工作界面,即可在 I4 单元格中看到利用 VDB 函数得出的固定资产第 1 年的折旧额。

STEP 4 复制函数

采用拖动 I4 单元格右下角的填充柄的方式,将公式快速复制 I5:I27 单元格区域中。

操作解谜

折旧额的差别

不同的折旧额函数计算折旧额时采用的方法不同,所以得到的结果也不同。同时,折旧额都是估算值,只是个约数,没有精确的结果。

操作解谜

DDB 函数与 VDB 函数差异

使用DDB函数时,如果双倍余额递减法计算出的折旧额小于按直线法计算额时,需要手动转换成直线法。同时,使用VDB函数不仅可以计算出双倍余额递减法应提的折旧额,而且可进行直线法的自动转换。如果no_switch参数为TRUE,即使折旧值大于余额递减计算值,Excel也不转用直线折旧法;如果no_switch为FALSE或被忽略,且折旧值大于余额递减计算值,则Excel将转用线性折旧法。

8.1.2 年限折旧函数

在 Excel 中用于计算资产折旧值的函数,除前面介绍的 3 种外,还包括 SLN 函数和 SYD 函数,它们是按年限总和法和年限平均值法对固定资产计提折旧。下面在"固定资产统计表 .xlsx"工作簿中详细介绍这两个函数的使用方法。

微课:年限折旧函数

1. SLN 函数

SLN 函数可使用年限平均法返回某项资产在一个期间内的线性折旧值。其语法结构为 SLN(cost,salvage,life)，其中参数的含义与前面介绍的折旧函数相同。下面在"固定资产统计 .xlsx"工作簿的"折旧明细"工作表中利用 SLN 函数计算第 1 年的折旧额，其具体操作步骤如下。

STEP 1 选择函数

❶在"折旧明细"工作表中选择 K4 单元格；
❷单击【公式】/【函数库】组中的"财务"按钮；
❸在打开的下拉列表框中选择"SLN"选项。

STEP 2 设置参数

❶ 打开"函数参数"对话框，分别在"Cost""Salvage""Life"文本框中输入固定资产的原值"C4"、残值"F4"、使用期限"E4"；❷单击"确定"按钮。

STEP 3 查看计算结果

返回 Excel 工作界面，即可在 K4 单元格中看到利用 SLN 函数得出的第 1 年折旧额。

STEP 4 复制函数

采用拖动 K4 单元格右下角的填充柄的方式，将公式快速复制 K5:K27 单元格区域中。

2. SYD 函数

SYD 函数是按年限总和折旧法，计算返回某项资产在指定期间的折旧值。相对于固定余额递减法属于一种缓慢的曲线。下面在"固定资产统计 .xlsx"工作簿的"折旧明细"工作表中利用 SYD 函数计算第 1 年的折旧额，其具体操作步骤如下。

STEP 1 选择函数

❶在"折旧明细"工作表中选择 J4 元格；

第2部分

❷单击【公式】/【函数库】组中的"财务"按钮;
❸在打开的下拉列表框中选择"SYD"选项。

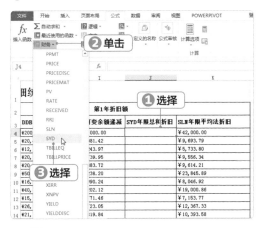

操作解谜

SYD 函数语法结构及其参数

SYD 函数的语法结构为：SYD(cost, salvage,life,per)，各参数的含义与前面介绍的折旧函数均相同，需注意的是，life参数和per参数的单位一定要一致，否则就会出错。

STEP 2 设置参数

❶ 打开"函数参数"对话框，分别在"Cost""Salvage""Life""Per"文本框中输入固定资产的原值"C4"、残值"F4"、使用期限"E4"、进行折旧计算的期次"1"；
❷单击"确定"按钮。

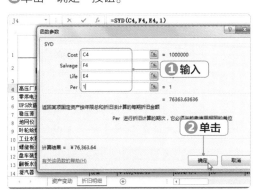

STEP 3 查看计算结果

返回 Excel 工作界面，即可在 J4 单元格中看到利用 SYD 函数得出的第 1 年折旧额。

STEP 4 复制函数

采用拖动 J4 单元格右下角的填充柄的方式，将公式快速复制 J5:J27 单元格区域中。

操作解谜

折旧函数使用注意事项

前面介绍的5种折旧函数，除各参数的内容和用法相似外，在设置方法上也有相似之处。对于"life""per""start_period""end_period"这4个参数的单位一定要一致，不能部分用"年"，部分用"月"。

8.2 计算"投资计划表"

小姚发现最近公司来访人员比平时多了近两倍，原来是公司正在准备投资计划。为了使成本最小化、收益最大化，需要制作投资计划表来分析哪一种投资方案才是最符合公司目前的状况的。该表格的制作重点是，通过贷款方式来投资项目后，在不同的利率或还款期限下，每期还款的具体情况。关于贷款的每期还款额、每期应负担的利率、内部收益率等问题，都可以通过 Excel 提供的财务函数来实现。

8.2.1 计算支付额函数

本金和利息的核算可谓与生活、工作息息相关，无论是平时买房买车向银行贷款，还是企业项目投资生产运作汇集资金，都需要对本金和利息进行核算。利用 Excel 2013 提供的计算支付额函数可以非常方便地计算出不同时间段产生的利息。

微课：计算支付额函数

1. PMT 函数

PMT 函数是基于固定利率及等额分期付款方式下，返回贷款的每期付款额。下面在"投资计划表 .xlsx"工作簿的"贷款"工作表中利用 PMT 函数计算每年、每季度、每月还款额，其具体操作步骤如下。

STEP 1 选择函数

❶打开"计划投资表 .xlsx"工作簿，在"贷款"工作表中选择 E3 单元格；❷单击【公式】/【函数库】组中的"财务"按钮；❸在打开的下拉列表框中选择"PMT"选项。

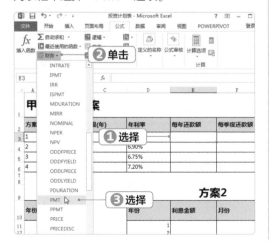

STEP 2 设置参数

❶打开"函数参数"对话框，在"Rate"文本框中输入偿还利率"D3"；❷在"Nper"文本框中输入贷款期数"C3"；❸在"Pv"文本框中输入贷款总额"B3"；❹单击"确定"按钮。

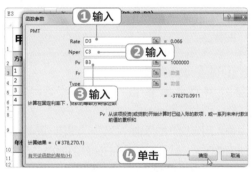

操作解谜

PMT 函数语法结构及其参数

PMT函数的语法结构为：PMT(rate, nper,pv,fv,type)，其中，rate表示贷款利率；nper为贷款项目的付款总数；pv为现值；fv为未来值，如果省略，则假设其值为0；type为0或1，指定各期的付款时间。

STEP 3 查看计算结果

返回 Excel 工作界面，即可在 E3 单元格中看到利用 PMT 函数得出的"方案 1"的每年还款额。

STEP 4 复制函数

采用拖动 E3 单元格右下角的填充柄的方式，将公式快速复制 E4:E6 单元格区域中。

STEP 5 输入函数

❶ 在"贷款"工作表中选择 F3 单元格；
❷ 将鼠标光标定位到编辑栏中，输入函数"=PMT(D3/4,C3*4,B3)"，由于是按季度计算还款额，所以利率和还款期限都应按季度来核算。

操作解谜

公式中常用的运算符号

在单元格中输入公式前，需先了解Excel公式中常用的符号：运算符号"+""-""*""/"，"?"当通配符使用，可以代替一个字符，":"表示单元格区域，如A1:A100，","起分隔参数的作用。

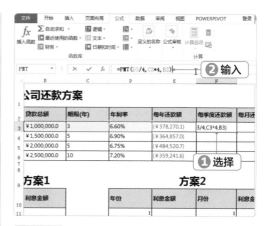

STEP 6 复制函数

按【Enter】键显示计算结果后，采用拖动 F3 单元格右下角的填充柄的方式，将公式快速复制 F4:F6 单元格区域中。

STEP 7 计算月还款额

按照相同的方法，利用 PMT 函数计算 5 种方案的月还款额。在输入公式时，注意公式中的利率和还款期限都应转换为"月"来计算。

2. PPMT 函数

PPMT 函数是基于固定利率及等额分期付款方式，返回投资在某一给定期间内的本金偿还额。下面在"投资计划表 .xlsx"工作簿的"贷款"工作表中利用 PPMT 函数计算"方案 1"应支付的本金额，其具体操作步骤如下。

STEP 1 选择函数

❶在"投资计划表 .xlsx"工作簿的"贷款"工作表中选择 B11 单元格；❷打开"插入函数"对话框，在"选择函数"列表框中选择"PPMT"选项；❸单击"确定"按钮。

STEP 2 设置参数

❶打开"函数参数"对话框，分别在"Rate""Per""Nper""Pv"文本框中输入贷款利率"$D$3"、偿还期次"A11"、总贷款期"$C$3"和贷款总额"$B$3"；❷单击"确定"按钮。

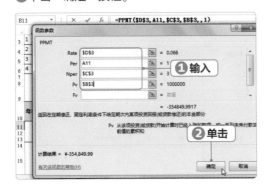

操作解谜

PPMT 函数语法结构及其参数

PPMT函数的语法结构为：PPMT(rate,per,nper,pv,fv,type)，其中，rate为各期利率；per用于计算其本金数额的期数，必须介于1到nper之间；nper为总投资期，即该项投资的付款期总数；pv为现值，即从该项投资开始计算已经入账的款项；fv为未来值，或在最后一次付款后希望得到的现金余额，如果省略fv，则假设其值为0，也就是一笔贷款的未来值为0；type用以指定各期的付款时间是在期初还是期末。"0"或忽略表示期末，"1"表示期初。

STEP 3 查看计算结果

返回 Excel 工作界面，即可在 B11 单元格中看到利用 PPMT 函数得出的"方案 1"第 1 年应偿还的利息金额。

STEP 4 复制函数

采用拖动 B11 单元格右下角的填充柄的方式，将公式快速复制 B12:B13 单元格区域中。分别计算出"方案 1"在第 2 年和第 3 年应偿还的本金额。

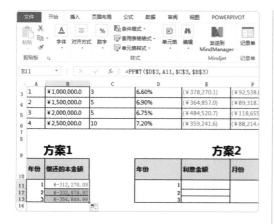

3. IPMT 函数

IPMT 函数可以基于固定利率及等额分期付款方式，返回给定期数内对投资的利息偿还额。下面在"投资计划表 .xlsx"工作簿的"贷款"工作表中利用 IPMT 函数计算"方案 2"中分别按年和按月支付的利息额，其具体操作步骤如下。

STEP 1　选择函数
❶在"贷款"工作表中选择 E11 单元格；
❷单击【公式】/【函数库】组中的"财务"按钮；
❸在打开的下拉列表框中选择"IPMT"选项。

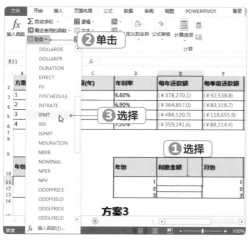

STEP 2　设置参数
❶打开"函数参数"对话框，其语法结构和用法与 PPMT 函数的结构和用法相同，分别在

"Rate""Per""Nper""Pv"文本框中输入"$D$4""D11""$C$4""$B$4"；
❷单击"确定"按钮。

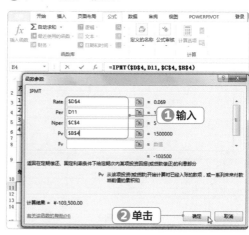

STEP 3　查看计算结果
返回 Excel 工作界面，即可在 E11 单元格中看到利用 IPMT 函数得出的"方案 2"第 1 年应支付的利息金额。

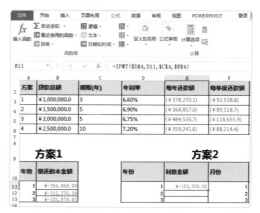

STEP 4　复制函数
采用拖动 E11 单元格右下角的填充柄的方式，将公式复制到 E12:E13 单元格区域中。

第 2 部 分

STEP 5 输入函数

❶ 在"贷款"工作表中选择 G11 单元格；

❷ 将鼠标光标定位到编辑栏中，输入函数 "=IPMT($D$4/12,F11,$C$4,$B$4)"，由于是按月计算还款额，所以利率应按月来核算，即"$D$4/12"。

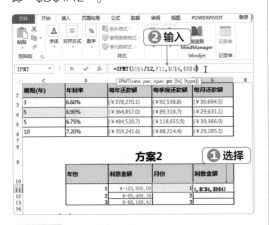

STEP 6 查看计算结果

按【Enter】键返回 Excel 工作界面，即可在 G11 单元格中得到"方案 2"第 1 个月应偿还的利息金额。

STEP 7 复制函数

采用拖动 G11 单元格右下角的填充柄的方式，将公式复制到 G12:G13 单元格区域中。

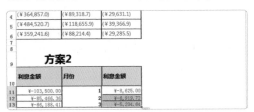

4. ISPMT 函数

ISPMT 函数可计算特定投资期内要支付的利息。其语法结构为 ISPMT(rate,per,nper,pv)，各参数含义与其他支付额函数的含义相同。下面在"投资计划表.xlsx"工作簿的"贷款"工作表中利用 ISPMT 函数计算"方案 3"中，贷款第 1 个月和第 1 年应支付的利息，其具体操作步骤如下。

STEP 1 选择函数

❶ 在"贷款"工作表中选择 D16 单元格；

❷ 单击【公式】/【函数库】组中的"财务"按钮；

❸ 在打开的下拉列表框中选择"ISPMT"选项。

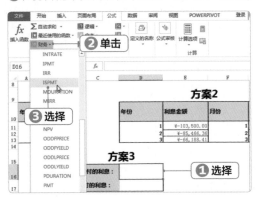

STEP 2 设置函数

❶ 打开"函数参数"对话框，分别在"Rate""Per""Nper""Pv"文本框中输入"D5/12""1""C5*12""B5"；❷单击"确定"按钮。

STEP 3 查看计算结果

返回 Excel 工作界面，即可在 D16 单元格中得到"方案 3"第 1 个月应偿还的利息。

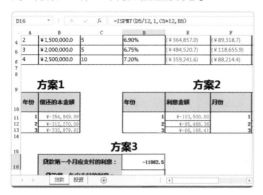

STEP 4 输入函数

❶ 在"贷款"工作表中选择 D17 单元格；
❷ 将鼠标光标定位到编辑栏中，输入函数"=ISPMT(D5,1,C5,B5)"。

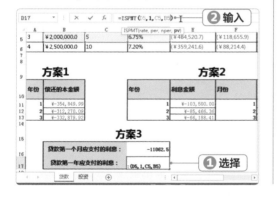

STEP 5 查看计算结果

按【Enter】键返回 Excel 工作界面，即可在 D17 单元格中得到"方案 3"第 1 年应偿还的利息。

 操作解谜

IPMT 函数与 ISPMT 函数异同

IPMT 函数和 ISPMT 函数都是计算还款利息的，只是两个函数采用的还款方式不同。IPMT 计算的是贷款后分期等额偿还本息中每次等额本息还款中利息的部分；ISPMT 的还款方式是分期偿还本金，计算的是每次还款等额本金时需要在还款本金外支付的利息。针对本例而言，如果采用 IPMT 函数计算方案 3 第 1 个月应支付的利息，最终得出的结果为"11 250.00"。

8.2.2 投资预算函数

投资并不只意味着把财力投到另一个项目或工程甚至基金上，它也包括金融机构或个人处的借贷，所以本节中的投资函数包括投入和借贷两方面。下面介绍 4 种常用的投资预算函数。

微课：投资预算函数

1. FV 函数

FV 函数可以基于固定利率及等额分期付款方式，返回某项投资的未来值。其语法结构为 FV(rate,nper,pmt,pv,type)，其中除 pmt 参数外，其他参数的含义与用法与支付额函数相同。下面在"投资计划表 .xlsx"工作簿的"投资"工作表中，利用 FV 函数计算"方案 1"和"方案 2"中的本息和，其具体操作步骤如下。

STEP 1　选择函数

❶在"投资"工作表中选择 J2 单元格；❷单击【公式】/【函数库】组中的"财务"按钮；❸在打开的下拉列表框中选择"FV"选项。

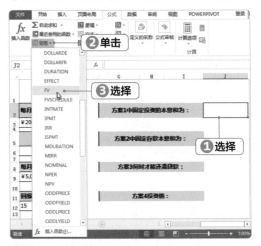

STEP 2　设置参数

❶打开"函数参数"对话框，分别在"Rate""Nper""Pmt""Pv""Type"文本框中输入"D3""C3""E3""B3""1"，其中"pmt"参数表示为各期所应支付的金额；❷单击"确定"按钮。

STEP 3　查看计算结果

返回 Excel 工作界面，即可在 J2 单元格中得到"方案 1"中固定投资 5 年后的本息和。

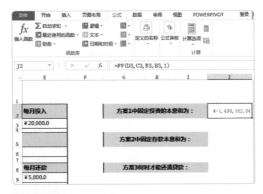

STEP 4　输入函数

在"投资"工作表中选择 J5 单元格，将鼠标光标定位到编辑栏中，输入函数"=FV(D6,C6,0,B6,1)"，由于是采用固定存款方式来投资，即一次性投入，所以"pmt"参数值为"0"。

STEP 5　查看计算结果

返回 Excel 工作界面，即可在 J5 单元格中得到"方案 1"中一次性投资固定资产 5 年后的本息和。

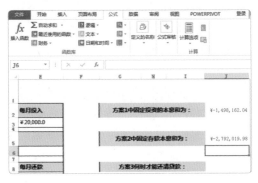

第 2 部分

2. NPER 函数

NPER 函数是基于固定利率及等额分期付款方式下，返回某项投资的总期数。下面在"投资计划表 .xlsx"工作簿的"投资"工作表中，利用 NPER 函数计算"方案 3"中的贷款什么时候才能还清，其具体操作步骤如下。

STEP 1　选择函数

❶在"投资"工作表中选择 J8 单元格；❷单击【公式】/【函数库】组中的"财务"按钮；❸在打开的下拉列表框中选择"NPER"选项。

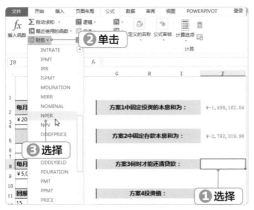

STEP 3　查看计算结果

返回 Excel 工作界面，即可在 J8 单元格中得到"方案 3"中贷款 200 万元应偿还的期数。注意。这里的期数单位是"月"。

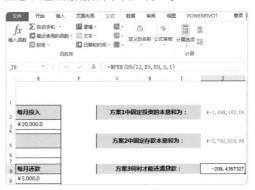

操作解谜

NPER 函数语法结构及其参数

NPER 函数的语法结构为：NPER(rate, pmt, pv, fv, type)，其中，rate 为各期利率；pmt 为各期所应支付的金额，其数值在整个年金期间保持不变；pv 为现值，或一系列未来付款的当前值的累积和；fv 为未来值，或在最后一次付款后希望得到的现金余额；type 数字为 0 或 1。

STEP 2　设置参数

❶打开"函数参数"对话框，分别在"Rate""Pmt""Pv""Fv""Type"文本框中输入"D9/12""E9""B9""0""1"，其中"D9/12"表示月利率；❷单击"确定"按钮。

操作解谜

为什么 NPER 函数得出的结果为负

NPER 函数计算的是投资期数，既然是投资就意味着支出，支出一般为负，此时，可以在函数的最前面，即在"="后面添加一个负号"–"，负负得正，最终便可将计算结果变为正。此方法对于投资预算和支付额函数均适用。

STEP 4　转换期数

❶将鼠标光标定位到编辑栏中的最后面，输入"/12"，表示将期数从"月"转换为"年"；❷在编辑栏中的"="后面添加负号"–"。

第 **8** 章　财务函数的应用

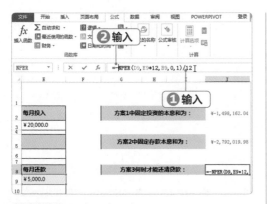

STEP 5 查看计算结果

按【Enter】键返回 Excel 工作界面，即可在 J8 单元格中得到需要经过 17 年的时间才能将贷款 200 万元还清。

技巧秒杀

直接计算贷款的偿还年限

在计算方案3的还款期数时，可以直接在编辑栏中输入"=NPER(D9,E9*12,B9,0,1)"，其中，"E9*12"表示一年的还款总额，其单位应与"D9"年利率一致，然后按【Enter】键便可快速得出"方案3"的还款年限。

3. NPV 函数

NPV 函数可以通过使用贴现率以及一系列未来支出（负值）和收入（正值），返回一项投资的净现值。下面在"投资计划表 .xlsx"工作簿的"投资"工作表中，利用 NPV 函数计算"方案 5"中 5 年后的回报值，其具体操作步骤如下。

STEP 1 选择函数

❶在"投资"工作表中选择 G21 单元格；
❷单击【公式】/【函数库】组中的"财务"按钮；
❸在打开的下拉列表框中选择"NPV"选项。

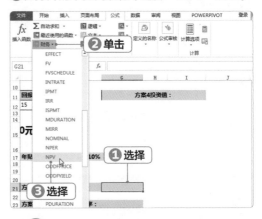

操作解谜

NPV 函数语法结构及其参数

NPV 函数的语法结构为：NPV(rate, value1,value2…)，其中，rate为某一期间的贴现率，是一固定值；value1, value2…在时间上必须具有相等的间隔，并且都发生在期末。NPV使用value1,value2…的顺序来解释现金流的顺序，所以务必保证支出和收入的数额按正确的顺序输入。

STEP 2 设置参数

❶打开"函数参数"对话框，在"Rate"文本框中输入整个投资期间的贴现率"F17"；
❷在"Value1"文本框中输入代表支出和收入的参数，一定要保证相等的时间间隔，且现金流顺序正确"C18:C22"；❸单击"确定"按钮。

STEP 3 查看计算结果

返回 Excel 工作界面，即可在 G21 单元格中得到 "方案 5" 5 年后的回报值。

操作解谜

NPV 函数中 "value1, value2…" 参数

　　如果函数中 "value1, value2…" 参数为数值、空白单元格、逻辑值或数字的文本表达式，则都会计算在内；如果参数是错误值或不能转化为数值的文本，则被忽略；如果参数是一个数组或引用，则只计算其中的数字。数组或引用中的空白单元格、逻辑值、文本或错误值将被忽略。

4. PV 函数

　　使用 PV 函数，可以求得定期内支付的贷款或储蓄的现值。其语法结构为 PV(rate,

nper,pmt,fv,type)，其中，各参数的含义与前面介绍的 NPER 函数相似。下面在 "投资计划表 .xlsx" 工作簿的 "投资" 工作表中，利用 PV 函数计算 "方案 4" 中的投资值，其具体操作步骤如下。

STEP 1 选择函数

❶在 "投资" 工作表中选择 J11 单元格；❷单击【公式】/【函数库】组中的 "财务" 按钮；❸在打开的下拉列表框中选择 "PV" 选项。

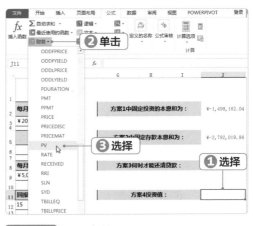

STEP 2 设置参数

❶ 打开 "函数参数" 对话框，分别在 "Rate" "Nper" "Pmt" "Fv" "Type" 文本框中输入 "C12/12" "E12*12" "D12" "B12" "1"，其中前 3 个参数的单位均为 "月"；❷单击 "确定" 按钮。

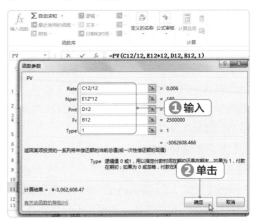

STEP 3 查看计算结果

返回 Excel 工作界面，即可在 J11 单元格中得到"方案 4"的投资值，最终 5 年后的投资值为"3 062 608.47"，比购买成本"2 500 000"高，值得投资。

技巧秒杀

在公式和结果之间快速切换

当在某个单元格中输入一些计算公式之后，Excel 只会采用数据显示方式，即直接将计算结果显示出来，而无法显示原始的计算公式。此时，用户如果希望查看原始的计算公式，只需按【Ctrl+~】组合键，Excel 就会自动显示表格中的所有公式；如果希望还原最终计算结果，只需再次按【Ctrl+~】组合键即可。

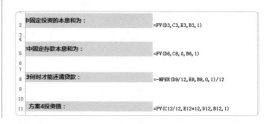

8.2.3 偿还率函数

如果要计算内部资金流量的回报率或是某项贷款的实际利率，常常要使用偿还率函数。下面介绍 Excel 2013 中常用偿还率函数的使用方法，包括 IRR 和 RATE 函数。

微课：偿还率函数

1. IRR 函数

IRR 函数用于返回由数值代表的一组现金流的内部收益率，其语法结构为 IRR(values,guess)。这些现金流不一定是均衡的，但作为年金，它们必须按固定的间隔发生，如第 1 年、第 2 年、第 3 年……下面在"投资计划表 .xlsx"工作簿的"投资"工作表中，利用 IRR 函数计算"方案 5"中 5 年后的内部收益率，其具体操作步骤如下。

STEP 1 选择函数

❶ 在"投资"工作表中选择 G23 单元格；
❷ 单击【公式】/【函数库】组中的"财务"按钮；
❸ 在打开的下拉列表框中选择"IRR"选项。

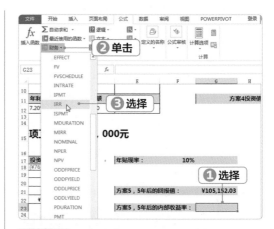

STEP 2 设置参数

❶打开"函数参数"对话框，在"Values"文本框中输入用来计算返回内部报酬率的数字的

单元格区域"C18:C22"；❷单击"确定"按钮。

操作解谜

IRR 函数的参数含义

函数中values表示用来计算返回的内部收益率的数字，输入必须为数组类型。values必须包含至少一个正值和一个负值，以计算内部收益率。guess是对函数IRR计算结果的估计值。在大多数情况下，并不需要为函数 IRR 的计算提供 guess 值。如果省略guess，假设它为0.1（10%）。

STEP 3 查看计算结果

返回 Excel 工作界面，即可在 G23 单元格中得到"方案5"5 年后的内部收益率。

2. RATE 函数

RATE 函数用于返回年金的各期利率，其语法结构为：RATE (nper, pmt, pv, fV, type, guess)，其中参数 guess 为预期利率，如果该参数省略，则默认为 10%。下面在"投资计划表 .xlsx"工作簿的"投资"工作表中，利用 RATE 函数计算"方案 6"的年报酬率，其具体操作步骤如下。

STEP 1 选择函数

❶在"投资"工作表中选择 G30 单元格；❷单击【公式】/【函数库】组中的"财务"按钮；❸在打开的下拉列表框中选择"RATE"选项。

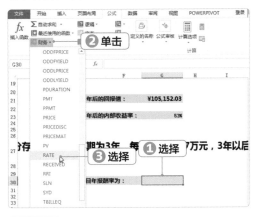

STEP 2 设置参数

❶"打开"函数参数"对话框，分别在"Nper""Pmt""Pv""Fv""Type"文本框中输入"C29*12""-C30""0""C31""1"；❷单击"确定"按钮。

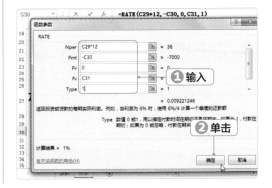

171

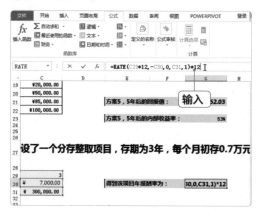

STEP 3 输入公式

将鼠标光标定位到编辑栏中，在公式的最后面输入"*12"，将 RATE 函数得出的"月报酬率"换算为年报酬率。

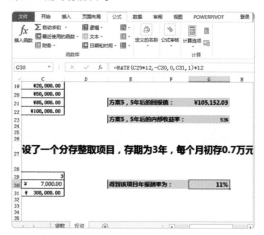

STEP 4 查看计算结果

按【Enter】键，即可在 G30 单元格中得到"方案 6"的年报酬率。

8.3 计算"证券和债券投资表"

俗话说，不能将所有鸡蛋放在一个篮子里。因此，公司的投资方向也是多元化的，除投资工程、分存整取、向银行贷款外，公司还投资了证券和债券。目前，公司急需一笔资金来进行周转，经理让小姚计算一下，能否抽调部分用于证券或债券的资金来解决当务之急。小姚立刻调出"证券和债券投资表"，并开始利用 Excel 提供的财务函数进行核算，主要涉及的操作包括应付利息的计算、何时开始计息、到期日可收回金额等。

8.3.1 与证券相关的函数

如果要对证券的价格及收益率等进行计算，可使用 Excel 2013 中的证券计算函数。由于证券计算复杂，需要根据条件式进行细分，因此用户应根据情况区别使用。下面主要介绍 ACCRINT 函数和 COUPDAYS 函数的使用方法。

微课：与证券相关的函数

1. ACCRINT 函数

ACCRINT 函数用于返回定期付息证券的应计利息，其语法结构为：ACCRINT(issue,first_interest,settlement,rate,par,frequency,basis,calc_method)。下面在"证券和债券投资表 .xlsx"工作簿的"证券"工作表中，利用 ACCRINT 函数计算证券的应付利息，其具体操作步骤如下。

STEP 1 选择函数

❶打开"证券和债券投资表 .xlsx"工作簿，在"证券"工作表中选择 L3 单元格；❷单击【公式】/【函数库】组中的"财务"按钮；❸在打开的下拉列表框中选择"ACCRINT"选项。

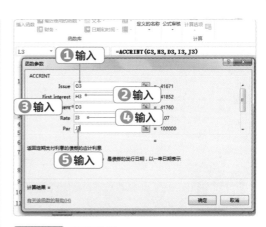

操作解谜

ACCRINT 函数的参数含义

issue为有价证券的发行日；first_interest为证券的首次计息日；settlement为证券的结算日。结算日是在发行日之后，证券卖给购买者的日期；rate为有价证券的年息票利率；par为证券的票面值，如省略此参数，则ACCRINT使用¥1000；frequency为年付息次数，如果按年支付，frequency=1；按半年期支付，frequency =2；按季支付，frequency = 4；basis为日计数基准类型，为0或省略US(NASD)30/360；为1实际天数/实际天数；为2实际天数/360；为3实际天数/365；为4欧洲30/360。calc_method为逻辑值（TURE或FALSE），指定当结算日期晚于首次计息日期时用于计算总应计利息的方法。如果省略此参数，则默认为TRUE。

STEP 2 设置参数

❶打开"函数参数"对话框，在"Issue"文本框中输入证券的发行日期"G3"；❷在"First_interest"文本框中输入证券的首次计息日"H3"；❸在"Settlement"文本框中输入证券的结算日"D3"；❹在"Rate"文本框中输入证券的年票息率"I3"❺在"Par"文本框中输入债券的票面值"J3"。

STEP 3 设置参数

❶继续在"Frequency"文本框中输入每年支付票息的次数"K3"；❷单击"确定"按钮。

STEP 4 查看计算结果

返回 Excel 工作界面，即可在 L3 单元格中得出"宏财股份"的应付利息。

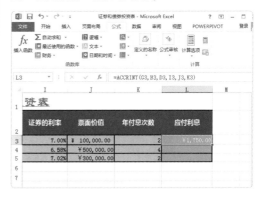

STEP 5 复制函数

采用拖动 L3 单元格右下角的填充柄的方式，将公式复制到 L4:L5 单元格区域中。

2. COUPDAYS 函数

COUPDAYS 函数用于返回结算日所在的付息期的天数。其语法结构为：COUPDAYS (settlement,maturity,frequency,basis)。下面在"证券和债券投资表 .xlsx"工作簿的"证券"工作表中，利用 COUPDAYS 函数计算"宏财股份"证券的付息期天数，其具体操作步骤如下。

STEP 1 选择函数

❶ 在"证券"工作表中选择 H10 单元格；❷单击【公式】/【函数库】组中的"财务"按钮；❸在打开的下拉列表框中选择"COUPDAYS"选项。

STEP 2 设置参数

❶打开"函数参数"对话框，在"Settlement"文本框中输入证券的结算日期"D3"；❷在"Maturity"文本框中输入证券的到期日"F3"；❸在"Frequency"文本框中输入每年支付票息的次数"K3"；❹在"Basis"文本框中输入日计数类型"2"；❺单击"确定"按钮。

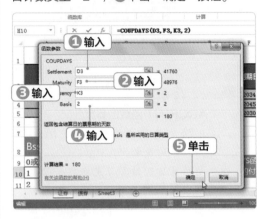

技巧秒杀

年付息次数的指定

使用COUPDAYS函数的重点是年付息次数的指定，如果指定错误，将不能得到正确的结果。

STEP 3 查看计算结果

返回 Excel 工作界面，即可在 H10 单元格中得出"宏财股份"的付息期天数。

8.3.2 与债券相关的函数

如果要对债券的贴现率、一次付息债券的利息、债券到期收回金额等进行计算，可使用 Excel 2013 中的债券计算函数。下面主要讲解 DISC 函数、INTRATE 函数、RECEIVED 函数以及 YIELDMAT 函数 4 种函数的使用方法。

微课：与债券相关的函数

1. DISC 函数

DISC 函数用于返回债券的贴现率，语法结构为 DISC(settlement,maturity,pr,redemption,basis)。下面在"证券和债券投资表 .xlsx"工作簿的"债券"工作表中，利用 DISC 函数计算"15 宏发债"的贴现率，其具体操作步骤如下。

STEP 1 选择函数

❶切换到"债券"工作表，并选择 N3 单元格；❷单击【公式】/【函数库】组中的"财务"按钮；❸在打开的下拉列表框中选择"DISC"选项。

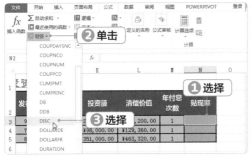

操作解谜

DISC 函数的参数含义

settlement 为债券的结算日。结算日是在发行日之后，债券卖给购买者的日期；maturity 为债券的到期日，以一串日期表示。到期日是债券有效期截止时的日期；pr 为面值￥100 的债券的价格；redemption 为面值￥100 的债券的清偿价值；basis 为日计数基准类型，分别用 0、1、2、3、4 表示，其用法与 ACCRINT 函数相同。

STEP 2 设置参数

❶打开"函数参数"对话框，分别在"Settle-ment""Maturity""Pr""Redemption""Basis"文本框中输入债券结算日"D3"、债券到期日"F3"、债券的现价"K3"、债券的赎回价"L3"、日算类型"2"；❷单击"确定"按钮。

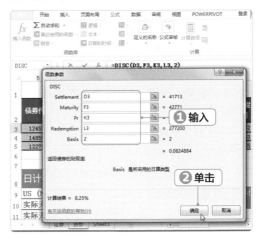

STEP 3 查看计算结果

返回 Excel 工作界面，即可在 N3 单元格中得出"15 宏发债"的贴现率。

STEP 4　复制函数

采用拖动 N3 单元格右下角的填充柄的方式，将公式复制到 N4:N5 单元格区域中。

2. INTRATE 函数

INTRATE 函数返回完全投资型债券的利率。其语法结构为：INTRATE(settlement, maturity,investment,redemption,basis)，其中，investment 为投资债券的金额；redemption 为债券到期日清偿价值。其他参数的含义与 DISC 函数相同。

下面在"证券和债券投资表 .xlsx"工作簿的"债券"工作表中，利用 INTRATE 函数计算"11 泛乐债"的利率，其具体操作步骤如下。

STEP 1　选择函数

❶在"债券"工作表中选择 H10 单元格；❷单击【公式】/【函数库】组中的"财务"按钮；❸在打开的下拉列表框中选择"INTRATE"选项。

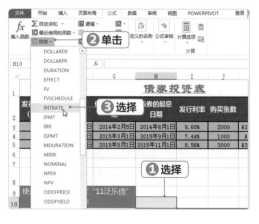

STEP 2　设置参数

❶打开"函数参数"对话框，在"Settlement""Maturity""Investment""Redemption""Basis"文本框中分别输入债券结算日"D5"、债券到期日"F5"、投资债券的金额"K5"、债券到期日清偿价值"L5"、日算类型"2"；❷单击"确定"按钮。

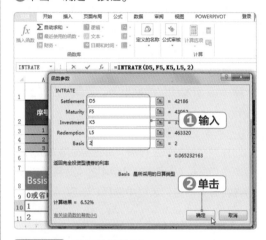

STEP 3　查看计算结果

返回 Excel 工作界面，即可在 H10 单元格中得出"11 泛乐债"的利率。

3. RECEIVED 函数

RECEIVED 函数返回完全投资型债券在到期日收回的金额。其语法结构为：RECEIVED(settlement,maturity,investment,discount,basis)，其中，discount 为债券的贴现率。

下面在"证券和债券投资表 .xlsx"工作簿的"债券"工作表中，利用 RECEIVED 函数计算"15 伊兴债"到期日可收回金额，其具体操作步骤如下。

STEP 1 选择函数

❶ 在"债券"工作表中选择 H13 单元格；
❷ 单击【公式】/【函数库】组中的"财务"按钮；
❸ 在打开的下拉列表框中选择"RECEIVED"选项。

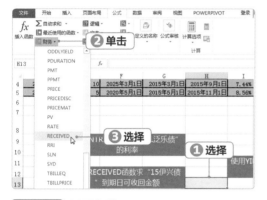

STEP 2 设置参数

❶ 打开"函数参数"对话框，在"Settlement""Maturity""Investment""Discount""Basis"文本框中分别输入债券结算日"D4"、债券到期日"F4"、投资债券的金额"K4"、债券的贴现率"N4"、日算类型"2"；❷ 单击"确定"按钮。

STEP 3 查看计算结果

返回 Excel 工作界面，即可在 H13 单元格中得出"15 伊兴债"到期日可收回金额。

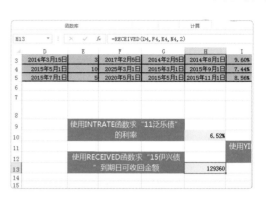

4. YIELDMAT 函数

YIELDMAT 函数返回在到期日支付利息的债券的年收益。其语法结构为：YIELDMAT(settlement，maturity，issue，rate，pr，basis)，其中，issue 为债券的发行日，以时间序列号表示；rate 为债券在发行日的利率。

下面在"证券和债券投资表 .xlsx"工作簿的"债券"工作表中，利用 YIELDMAT 函数计算"15 宏发债"的年利率，其具体操作步骤如下。

STEP 1 选择函数

❶ 在"债券"工作表中选择 L12 单元格；❷ 单击【公式】/【函数库】组中的"财务"按钮；❸ 在打开的下拉列表框中选择"YIELDMAT"选项。

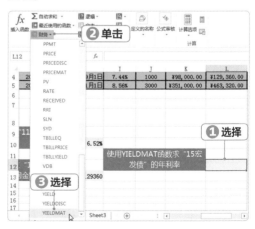

STEP 2 设置参数

打开"函数参数"对话框，分别在"Settlement"
"Maturity" "Issue" "Rate"文本框中输入
债券结算日"D3"、债券到期日"F3"、债券
发行日"G3"、债券发行日的利率"I3"。

STEP 3 设置参数

❶继续在"函数参数"对话框的"Pr"和"Basis"
文本框中输入每张票面为 100 元的债券的现价
"K3/J3"、日算类型"2"；❷单击"确定"
按钮。

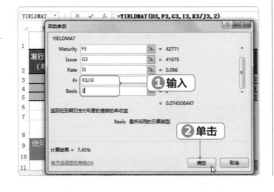

STEP 4 查看计算结果

返回 Excel 工作界面，即可在 L12 单元格中得
出"15 宏发债"的年利率。

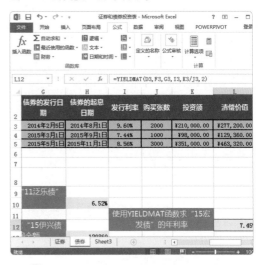

操作解谜

有没有求债券发行价的函数

　　Excel提供的财务函数，如PRICE 函
数、PRICEDISC 函数、PRICEMAT 函数，
都可以求债券的发行价，只是不同种类的债
券选择函数时会有所不同。如果要计算定
期支付利息的债券的发行价，应选择PRICE
函数；如果要计算已贴现债券的发行价，
应选择PRICEDISC 函数；如果要计算到
期日支付利息的债券的发行价，则应选择
PRICEMAT 函数。因此，在计算债券发行
价前，一定要先弄清楚所要计算的债券的种
类，以免选错函数而导致计算错误。

新手加油站——财务函数的应用技巧

1. 计算每个期间的折旧值

　　如果希望通过 Excel 提供的函数来计算每个结算期间的折旧值，可使用法国会计系统提

第 2 部分

供的 AMORDEGRC 函数。如果某项资产是在该结算期的中期购入的，则按直线折旧法计算。其语法结构为：AMORDEGRC(cost,date_purchased,first_period,salvage,period,rate,basis)，各参数的含义为：cost 资产原值；date_purchased 购入资产的日期；first_period 第一个期间结束时的日期；salvage 资产在使用寿命结束时的残值；period 为期间；rate 为折旧率；basis 所使用的年基准。

下面用 AMORDEGRC 函数在符合法国会计系统情况下，求每个结算期间的折旧费，其操作方法为：打开要计算的工作簿，然后选择显示计算结果的单元格，并在编辑栏中输入函数"=AMORDEGRC(B2,B3,B4,B5,B6,B7,B8)"，按【Enter】键即可得出结果。需要注意的是要符合法国会计系统，因此这里使用欧元货币符号。欧元货币符号的设置，可以在"设置单元格格式"对话框的"数字"选项卡中选择"货币"选项，然后在右侧的"货币符号"列表框中选择"€ Euro(€ 123)"选项。

2. 使用 FVSCHEDULE 函数返回一系列复利率计算的未来值

使用 FV 函数计算投资的未来值，是在利率固定不变的情况下实现的。如果利率不是固定不变，而是不断发生变化的，则应选择 FVSCHEDULE 函数计算投资的未来值。其语法结构为 FVSCHEDULE(principal,schedule)，其中，principal 表示用单元格或数值指定投资的现值；schedule 指定未来相应的利率数组，如果指定非数值，则返回错误值 #VALUE！。

如计算一次性投入本金后，在利率不断变动的情况下，得出未来本金的收益。即在 E1 单元格输入函数"=FVSCHEDULE(B2,B3:B8)"，按【Enter】键即可得到变动利率下的金融商品的未来值。

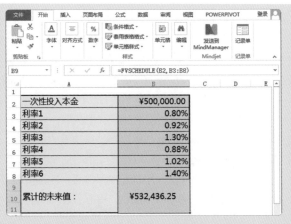

3. 使用 CUMPRINC 函数计算贷款偿还的本金数

在办理抵押贷款业务时，大家最在意的是每月应偿还的本金。那么，这些按月偿还的本金该如何计算呢？可以利用财务函数——CUMPRINC 来解决这一难题。CUMPRINC 函数是用于计算一笔货款在给定的付款期数内累计偿还的本金数额。

假设，一笔住房抵押贷款的交易情况为：年利率为 6.00%，期限为 20 年，现值为¥800 000。计算，该笔贷款在上半年累计偿还的本金之和（第 1~6 期）为："=CUMPRINC(B4/12,B3*12,B2,1,6,0)"，计算结果为：–10 519.42。

该笔贷款在第一个月偿还的本金为："=CUMPRINC(B4/12,B3*12,B2,1,1,0)"，计算结果为：–1 731.45。注意，在单元格中的计算结果是用红字表示的，而不是负数，原因是设置了单元格格式的效果，如果希望用负数来显示计算结果，可通过"设置单元格格式"对话框进行设置。

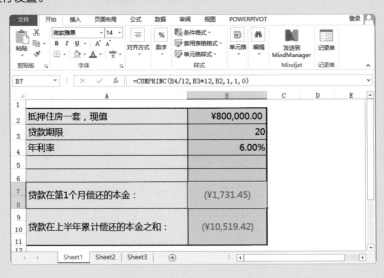

第 2 部 分

高手竞技场——财务函数的应用练习

1. 计算"折旧明细表"工作簿

打开"折旧明细表.xlsx"工作簿，在其中通过 DB 函数和 SLN 函数计算资产的年折旧额，要求如下。

● 在 H3 单元格中，利用 DB 函数计算资产的年折旧额，得出结果后复制函数。

● 在 I3 单元格中，利用 SLN 函数计算资产的年折旧额，得出结果后复制函数。

2. 制作"贷款投资经营表"工作簿

打开"贷款投资经营表.xlsx"工作簿，计算贷款中各期的本金与利息、投资现值及报酬率，要求如下。

● 利用 IPMT 和 PPMT 函数计算贷款中各期的本金与利息，然后利用 SUM 函数统计各期的利息与本金之和以及未还款金额。

● 利用 NPV 和 IRR 函数计算投资现值及报酬率。

3. 统计"有价证券投资表"工作簿

打开"有价证券投资表.xlsx"工作簿,利用财务函数分别计算债券的到期利息、贴现率、债券到期后可收回金额,要求如下。

● 利用 ACCRINT 函数计算购买债券的到期利率。

● 利用 DISC 函数计算债券的贴现率。

● 利用 RECEIVED 函数计算债券到期后的可收回金额。

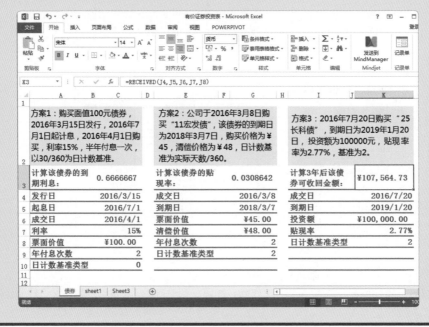

第3部分

第9章

图表的应用

/ 本章导读

本章主要介绍图表的各种知识，让用户对图表在表格数据分析中的应用有全面的了解。主要内容包括图表的创建、编辑和设置等各种基本操作，以及几种图表的高级应用案例，如复合饼图和双层饼图的建立、雷达图结合数据验证来实现动态图表的显示等。

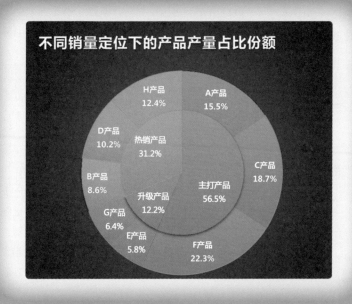

9.1 制作"销售分析"图表

公司销售部需要统计并分析这个月各大电脑商城计算机配件的销售情况，要求市场调查部制作"销售分析"图表。图表是 Excel 重要的数据分析工具，它具有很好的视觉效果，使用图表能够将工作表中枯燥的数据显示得更清楚、更易于理解，从而使分析的数据更具有说服力。图表还具有帮助分析数据、查看数据的差异、走势预测和发展趋势判断等功能。

9.1.1 创建图表

Excel 提供了 10 多种标准类型和多个自定义类型图表，如柱形图、条形图、折线图、饼图、XY 散点图和面积图等。用户可为不同的表格数据创建合适的图表类型。创建图表的操作包括插入图表、修改图表数据、调整图表大小和位置以及更改图表类型等。

微课：创建图表

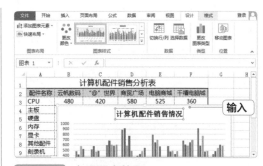

第 3 部分

1. 插入图表

在创建图表之前，首先应制作或打开一个创建图表所需的数据区域存储的表格，然后再选择适合数据的图表类型。下面在"销售分析图表 .xlsx"工作簿中，为其中的数据表格插入图表，其具体操作步骤如下。

STEP 1　选择图表类型

❶选择 A2:F12 单元格区域；❷在【插入】/【图表】组中单击"插入柱形图"按钮；❸在打开的下拉列表中选择"二维柱形图"栏中的"簇状柱形图"选项。

STEP 3　查看图表效果

插入图表的效果如下图所示。

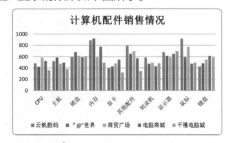

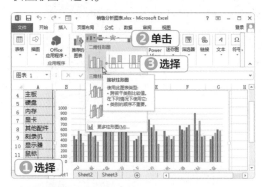

STEP 2　输入图表标题

Excel 在工作表中插入一个图表，在标题文本框中输入"计算机配件销售情况"。

技巧秒杀

利用"快速分析"按钮插入图表

选择单元格区域后，其右下角会显示"快速分析"按钮，单击该按钮，在打开的下拉列表中单击"图表"选项卡，在其中选择一种图表类型即可插入图表。

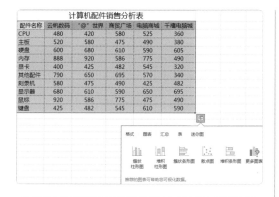

2. 调整图表的位置和大小

　　图表通常浮于工作表上方，可能会挡住其中的数据，这样不利于数据的查看，这时就需要对图表的位置和大小进行调整。下面在"销售分析图表 .xlsx"工作簿中调整图表的位置和大小，其具体操作步骤如下。

STEP 1　调整图表大小

将鼠标光标移至图表右侧的控制点上，按住鼠标左键不放，拖动鼠标调整图表的大小。

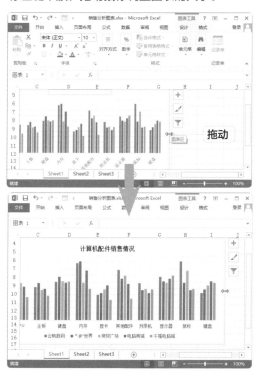

STEP 2　调整图表位置

将鼠标光标移动到图表区的空白位置，待鼠标光标变为十字箭头形状时，按住鼠标左键不放，拖动鼠标移动图表位置，将图表调整到表格的下方。

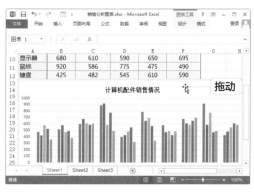

操作解谜

图表会不会变形

　　选择图表后，拖动图表周围的控制点便可轻松调整图表大小。但与缩放图片、形状等对象不同，缩放图表不会导致图表变形，因为图表会自动根据大小范围同步进行布局分配，使图表中的每个组成部分可以更好地适应当前的尺寸大小。

3. 重新选择图表数据源

　　图表依据数据表创建，如果创建图表时选择的数据区域有误，那么在创建图表后，就需要重新选择图表数据源。当然，也可根据需要重新定义图表的数据源区域，从而得到不同的图表显示结果。下面在"销售分析图表 .xlsx"工作簿中将图表区域从 A2:F12 单元格区域修改为 A2:E12 单元格区域，其具体操作步骤如下。

STEP 1　选择数据

❶在工作表中单击插入的图表，选择整个数据区域；❷在【图表工具 设计】/【数据】组中单击"选择数据"按钮。

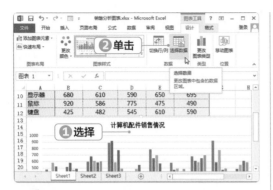

STEP 2 打开"选择数据源"对话框

打开"选择数据源"对话框,单击"图表数据区域"文本框右侧的折叠按钮。

STEP 3 重新选择数据区域

①在工作表中拖动鼠标选择 A2:E12 单元格区域; ②在折叠后的"选择数据源"对话框中再次单击文本框右侧的折叠按钮。

STEP 4 完成图表数据的修改

打开"选择数据源"对话框,单击"确定"按钮,

完成图表数据的修改。

STEP 5 查看修改数据源的图表效果

返回 Excel 工作界面,即可看到修改数据源后的图表。

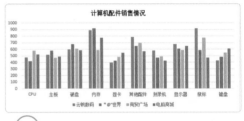

操作解谜

图例与坐标轴的选择

在"选择数据源"对话框中,左侧列表框中的选项代表图例对象,即图表上要显示的一组数据系列。选择某个选项后单击上方的"编辑"按钮,可重新指定该系列对应的数据区域;对话框右侧的选项则代表所选图例对应的坐标轴名称,同样可通过单击上方的"编辑"按钮重新进行设置。

技巧秒杀

快速修改图表数据

单击图表,在右侧显示出"图表筛选器"按钮,单击该按钮,将打开图表的数据序列选项,撤销选中某系列或类别对应的复选框,单击"应用"按钮,即可在图表中不显示该序列的数据,如下图所示。

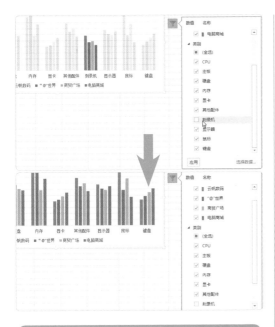

4. 交换图表的行和列

利用表格中的数据创建图表后，图表中的数据与表格中的数据是动态联系的，即修改表格中数据的同时，图表中相应数据系列会随之发生变化；修改图表中的数据源时，表格中所选的单元格区域也会发生改变。下面在"销售分析图表 .xlsx"中交换行和列的数据，其具体操作步骤如下。

STEP 1　选择数据

❶在工作表中单击插入的图表；❷单击右侧的"图表筛选器"按钮；❸在打开的下拉列表中单击"选择数据"超链接。

STEP 2　切换行和列

❶打开"选择数据源"对话框，单击"切换行/列"按钮，将下面左右两个列表框中的内容交换位置；❷单击"确定"按钮。

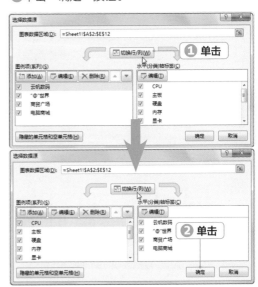

STEP 3　查看切换行列的效果

返回 Excel 工作界面，即可看到图表中的数据序列发生了变化。

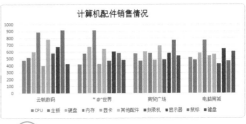

操作解谜

添加与删除图表数据

除重新定义图例的数据区域和坐标轴名称外，在"选择数据源"对话框中利用"添加""删除"按钮，还能实现添加新的图例或删除无用的图例等操作。

5. 更改图表类型

Excel 中包含了多种不同的图表类型，如果觉得第一次创建的图表无法清晰地表达出数据的含义，则可以更改图表的类型。下面在"销售分析图表.xlsx"工作簿中更改图表的类型，其具体操作步骤如下。

STEP 1　选择操作
❶在工作表中单击插入的图表；❷在【图表工具 设计】/【类型】组中单击"更改图表类型"按钮。

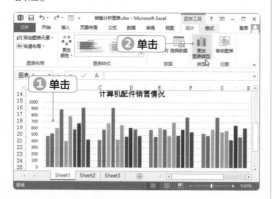

STEP 2　选择图表类型
❶打开"更改图表类型"对话框，在左侧的列表框中选择"柱形图"选项；❷在右侧的窗格中选择"三维簇状柱形图"选项；❸单击"确定"按钮。

STEP 3　查看效果
返回 Excel 工作界面，即可看到图表从簇状柱形图变成了三维簇状柱形图。

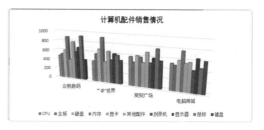

9.1.2　编辑并美化图表

创建图表后，往往需要对图表以及其中的数据或元素等进行编辑修改，使图表符合用户的要求，达到满意的效果。图表美化不仅可增强图表的吸引力，而且能清晰地表达出数据的内容，从而帮助阅读者更好地理解数据。

微课：编辑并美化图表

1.　添加坐标轴标题

默认创建的图表不会显示坐标轴标题，用户可自行添加，用以辅助说明坐标轴信息。下面在"销售分析图表.xlsx"工作簿中添加纵坐标轴标题，其具体操作步骤如下。

STEP 1　添加纵坐标轴标题
❶单击插入的图表；❷在【图表工具 设计】/【图表布局】组中单击"添加图表元素"按钮；❸在打开的下拉列表中选择"轴标题"选项；❹在打开的子列表中选择"主要纵坐标轴"选项。

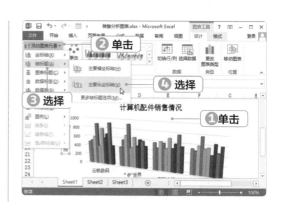

STEP 2 设置标题文字

❶在纵坐标轴标题栏中输入"数量单位"；❷单击选择该标题栏；❸在【开始】/【对齐方式】组中单击"方向"按钮；❹在打开的下拉列表中选择"竖排文字"选项。

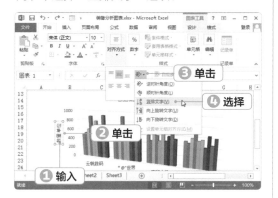

STEP 3 查看添加坐标轴标题效果

返回 Excel 工作界面，即可在图表中看到添加的纵坐标轴标题。

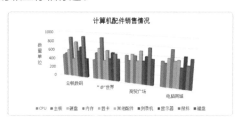

技巧秒杀

使用公式引用图表标题

假设A1单元格中的内容为"计算机配件销售情况"，则可直接删除图表标题的内容，输入公式"=A1"，Excel将为图表引用指定单元格的内容为标题。

2. 添加数据标签

将数据项的数据在图表中直接显示出来，利于数据的直观查看。下面在"销售分析图表.xlsx"中添加数据标签，其具体操作步骤如下。

STEP 1 添加数据标签

❶单击插入的图表；❷在【图表工具 设计】/【图

表布局】组中单击"添加图表元素"按钮；❸在打开的下拉列表中选择"数据标签"选项；❹在打开的子列表中选择"其他数据标签选项"选项。

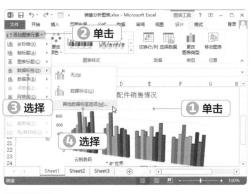

STEP 2 设置数据标签格式

打开"设置数据标签格式"窗格，在"标签选项"选项卡中单击选中"值"复选框。

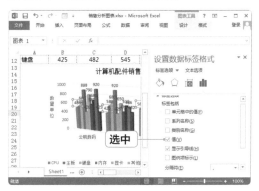

STEP 3 查看数据标签效果

单击"关闭"按钮返回 Excel 工作界面，即可在图表中看到添加的数据标签。

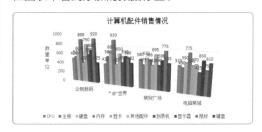

3. 调整图例位置

图例是用一个色块表示图表中各种颜色所

代表的含义。下面在"销售分析图表.xlsx"工作簿中调整图例位置，其具体操作步骤如下。

STEP 1　设置图例位置

①单击插入的图表；②在【图表工具 设计】/【图表布局】组中单击"添加图表元素"按钮；③在打开的下拉列表中选择"图例"选项；④在打开的子列表中选择"右侧"选项。

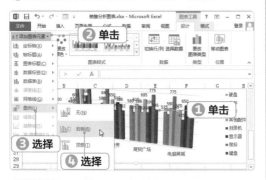

STEP 2　查看调整图例位置的效果

返回 Excel 工作界面，即可在图表右侧看到图例。

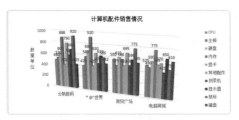

操作解谜

设置图表网格线

创建图表默认将显示主要水平网格线，但也可以设置其他网格线样式，在【图表工具 设计】/【图表布局】组中单击"添加图表元素"按钮，在打开的下拉列表中选择"网格线"选项，在其子列表中选择一种网格线样式即可。

4. 添加并设置趋势线

趋势线是以图形的方式表示数据系列的变化趋势并对以后的数据进行预测。如果在实际

工作中需要利用图表进行回归分析，就可以在图表中添加趋势线。下面在"销售分析图表.xlsx"工作簿中添加并设置趋势线，其具体操作步骤如下。

STEP 1　更改图表类型

①在工作表中单击插入的图表；②在【图表工具 设计】/【类型】组中单击"更改图表类型"按钮。

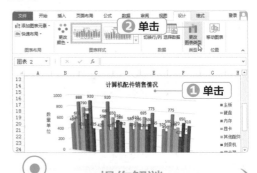

操作解谜

哪些图表不能添加趋势线

三维图表、堆积型图表、雷达图、饼图或圆环图的数据系列中不能添加趋势线。

STEP 2　选择图表类型

①打开"更改图表类型"对话框，在左侧的列表框中选择"柱形图"选项；②在右侧的窗格中选择"簇状柱形图"选项；③单击"确定"按钮。

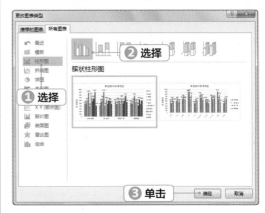

STEP 3　添加趋势线

①在【图表工具 设计】/【图表布局】组中单击"添

加图表元素"按钮；❷在打开的下拉列表中选择"趋势线"选项；❸在打开的子列表中选择"指数"选项。

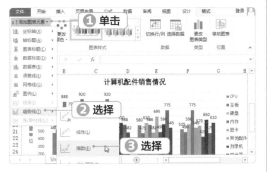

STEP 4 设置趋势线系列

❶打开"添加趋势线"对话框，在"添加基于系列的趋势线"列表框中选择"内存"选项；❷单击"确定"按钮。

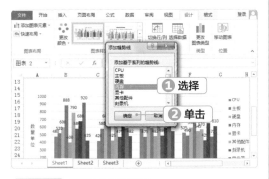

STEP 5 设置趋势线颜色

❶选择添加的趋势线；❷在【图表工具 格式】/【形状样式】组中单击"形状轮廓"按钮；❸在打开的下拉列表的"主题颜色"栏中选择"黑色，文字 1"选项。

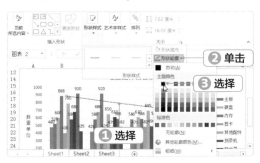

STEP 6 设置趋势线样式

❶在【图表工具 格式】/【形状样式】组中单击"形状轮廓"按钮；❷在打开的列表中选择"箭头"选项；❸在打开的子列表中选择"箭头样式 2"选项。

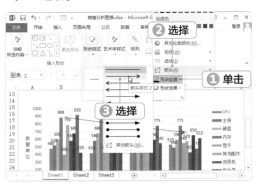

STEP 7 查看添加和设置趋势线的效果

返回 Excel 工作界面，查看添加和设置趋势线的效果。

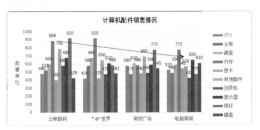

5. 添加并设置误差线

误差线通常用于统计或分析数据，显示潜在的误差或相对于系列中每个数据标志的不确定程度。添加误差线的方法与添加趋势线的方法大同小异，并且添加后的误差线也可以进行格式设置。下面在"销售分析图表.xlsx"工作簿中添加并设置误差线，其具体操作步骤如下。

STEP 1 添加误差线

❶在图表中单击"其他配件"系列所在的图标；❷在【图表工具 设计】/【图表布局】组中单击"添加图表元素"按钮；❸在打开的下拉列表中选择"误差线"选项；❹在打开的子列表中选择"标准偏差"选项。

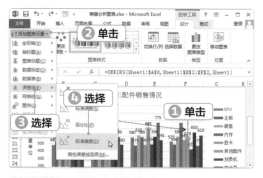

STEP 2　设置误差线样式

❶在图表中选择添加的误差线；❷在【图表工具 格式】/【形状样式】组中单击"形状轮廓"按钮；❸在打开的下拉列表中选择"粗细"选项；❹在打开的子列表中选择"2.25 磅"选项。

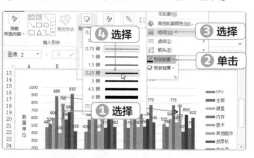

STEP 3　查看效果

返回 Excel 工作界面，查看添加和设置误差线的效果。

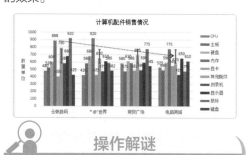

操作解谜

图表的快速布局

在【图表工具 设计】/【图表布局】组中单击"快速布局"按钮，在打开的下拉列表中可以选择一种图表的布局样式，包括标题、图例、数据系列和坐标轴等。

6. 设置图表区样式

图表区就是整个图表的背景区域，包括所有的数据信息以及图表辅助的说明信息。下面在"销售分析图表 .xlsx"工作簿中设置图表区的形状样式，其具体操作步骤如下。

STEP 1　设置图表区样式

❶单击插入的图表；❷在【图表工具 格式】/【形状样式】组中单击"形状填充"按钮；❸在打开的下拉列表中选择"渐变"选项；❹在打开的子列表的"浅色变体"栏中选择"线性向上"选项。

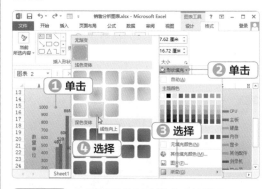

STEP 2　查看设置图表区样式后的效果

返回 Excel 工作界面，查看为图表区设置样式的效果。

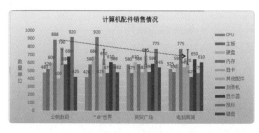

7. 设置绘图区样式

绘图区是图表中描绘图形的区域，其形状是根据表格数据形象化转换而来的。绘图区包括数据系列、坐标轴和网格线，设置绘图区样式的操作与设置图表区样式相似。下面在"销售分析图表 .xlsx"工作簿中设置图表区的形状样式，其具体操作步骤如下。

❶在图表中单击选择绘图区，在【图表工具 格式】/【形状样式】组中单击"形状填充"按钮；❷在打开的下拉列表中选择"纹理"选项；❸在打开的子列表中选择"蓝色面巾纸"选项。

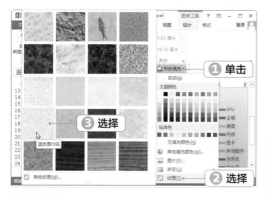

STEP 2 查看设置绘图区样式的效果

返回 Excel 工作界面，即可查看为绘图区设置样式的效果。

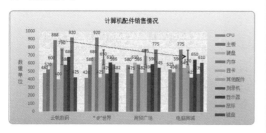

技巧秒杀

快速定位图表中的某个组成部分

组成图表的对象较多，如果图表布局比较紧凑，就很难快速且准确选择需要的对象进行设置。此时，可利用【图表工具 格式】/【当前所选内容】组的下拉列表实现快速选择。该下拉列表将完整显示当前所选图表中的所有内容，包括趋势线等手动添加的对象。

8. 设置数据系列颜色

数据系列是根据用户指定的图表类型以系列的方式显示在图表中的可视化数据，在分类轴上每一个分类都对应着一个或多个数据，并以此构成数据系列。下面在"销售分析图表 .xlsx"工作簿中设置数据系列的颜色，其具体操作步骤如下。

STEP 1 设置数据系列颜色

❶单击图表；❷在【图表工具 设计】/【图表样式】组中单击"更改颜色"按钮；❸在打开的下拉列表的"彩色"栏中选择"颜色 3"选项。

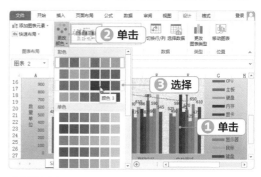

STEP 2 查看设置数据系列颜色效果

返回 Excel 工作界面，查看为数据系列设置颜色的效果。

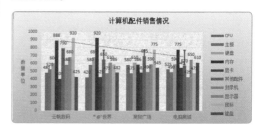

9. 应用图表样式

应用图表样式包括应用文字样式和形状样式等。应用图表样式后，其他对于图表样式的设置将无法显示。下面在"销售分析图表 .xlsx"工作簿中应用图表样式，其具体操作步骤如下。

STEP 1 应用图表样式

❶单击图表；❷在【图表工具 设计】/【图表样式】组中单击"其他"按钮；❸在打开的下拉列表中选择"样式 8"选项。

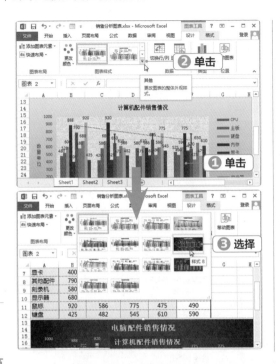

STEP 2 查看应用图表样式效果

返回 Excel 工作界面，即可查看应用图表样式的效果。

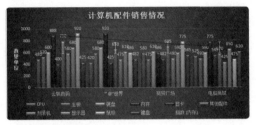

技巧秒杀

调整图表存放位置

选择图表，在【图表工具 设计】/【位置】组中单击"移动图表"按钮，可在打开的对话框中单击选中"新工作表"单选项，将图表移动到新的工作表中。

9.2 制作"产品构成"图表

产品上市的日子越来越近，为了进一步确保产品的销售策略没有差错，公司还需要最后开展一次与产品销售策略相关的会议。会议上需要对目前的产品构成、产量和销售定位等数据进行分析和确认。为此，需要利用 Excel 图表来直观体现目前各产品产量的占比情况，同时还需要核实产品各方面的等级评分。下面利用饼图和雷达图来实现表格的制作，掌握图表在实际工作中的各种应用方法。

9.2.1 创建复合饼图

复合饼图是饼图的特殊应用，它能够清晰地显示饼图中一些数据较小的组成部分，适合在数据系列较多的情况下使用。下面在"产品构成表 .xlsx"工作簿中利用复合饼图来展现公司各产品产量的占比份额，其具体操作步骤如下。

微课：创建复合饼图

STEP 1 插入复合饼图

❶选择 A2:B10 单元格区域；❷在【插入】/【图表】组中单击"插入饼图或圆环图"按钮，在打开的下拉列表中选择"二维饼图"栏下的第 2 种饼图类型。

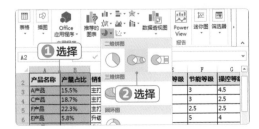

STEP 2 设置数据系列

在创建的饼图上单击鼠标右键，在弹出的快捷菜单中选择"设置数据系列格式"命令。

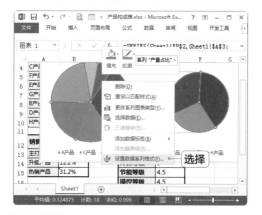

STEP 3 设置分割依据

❶在打开窗格的"系列分割依据"下拉列表框中选择"百分比值"选项；❷在"小于该值的值"数值框中将数值设置为"10%"，表示小于10%的数据将分割到复合饼图中；❸单击"关闭"按钮关闭窗格。

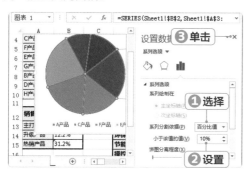

 操作解谜

自定义分割依据

如果需要手动将第一绘图区（左侧的饼图）的某个数据移动到第二绘图区（右侧的饼图）中，在"系列分割依据"下拉列表框中选择"自定义"选项，然后在第一绘图区单击需移动的数据，并在"点属于"下拉列表框中选择"第二绘图区"选项即可。

STEP 4 添加数据标签

在饼图上单击鼠标右键，在弹出的快捷菜单中选择"添加数据标签"命令。

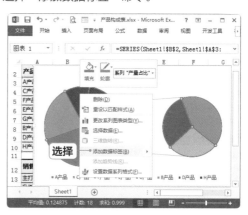

STEP 5 设置数据标签

继续在添加的数据标签上单击鼠标右键，在弹出的快捷菜单中选择"设置数据标签格式"命令。

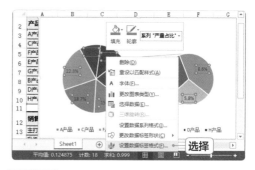

STEP 6 设置数据标签显示方式

❶在打开的窗格中单击选中"类别名称"复选框；❷在"分隔符"下拉列表框中选择"（分行符）"选项；❸单击"关闭"按钮关闭窗格。

 操作解谜

窗格的关闭

这里是为了便于讲解而在设置后及时关闭窗格。实际工作中只要不影响操作，就无须关闭窗格，它可以同步显示所选对象的设置参数，使用非常方便。

STEP 7 应用图表样式

在【图表工具 设计】/【图表样式】组的下拉列表中选择"样式6"选项。

第3部分

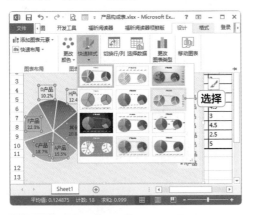

STEP 8 调整图表布局

❶手动逐个移动数据标签的位置，使其显示在数据系列内部；❷删除右侧的图例，将图表标题的内容修改为"各产品产量占比份额"。

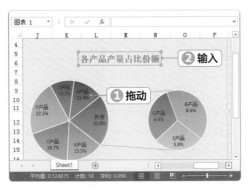

STEP 9 美化数据系列

❶单击第一绘图区，再次单击黄色的数据系列，单独将其选择；❷在【图表工具 格式】/【形状样式】组的下拉列表中选择第4行对应的黄色样式。

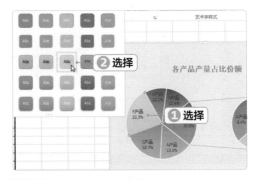

STEP 10 美化数据系列

按相同的方法依次调整第一绘图区和第二绘图区的数据系列颜色，其中分割系列及其对应的第一绘图区的数据系列设置为绿色，以便更明显地在图表中表达数据关系。

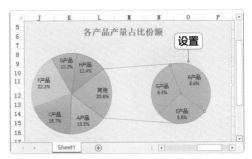

STEP 11 设置字体

选择整个图表，将字体设置为"微软雅黑、加粗"。

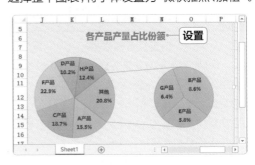

9.2.2 创建双层饼图

微课：创建双层饼图

双层饼图非常适用于数据具有上下层级关系的情况，比如底层数据为具体的颜色，上层数据为颜色的分类，此时利用双层饼图可以更好地表达数据的关系。下面在"产品构成表 .xlsx"工作簿中使用双层饼图来展现公司不同销售定位的产品产量份额，其具体操作步骤如下。

STEP 1　插入饼图

❶选择 A13:B15 单元格区域；❷在【插入】/【图表】组中单击"插入饼图或圆环图"按钮，在打开的下拉列表中选择"二维饼图"栏下的第 1 种饼图类型。

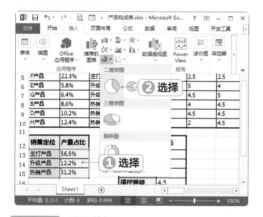

STEP 2　设置数据

在创建的饼图上单击鼠标右键，在弹出的快捷菜单中选择"选择数据"命令。

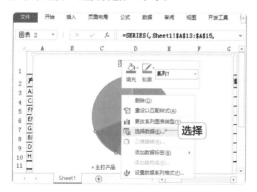

STEP 3　添加图例

打开"选择数据源"对话框，单击"添加"按钮。

STEP 4　指定单元格区域

❶打开"编辑数据系列"对话框，删除"系列值"文本框的数据，然后选择 B3:B10 单元格区域作为新的系列值；❷单击"确定"按钮。

STEP 5　编辑坐标轴标签

返回"选择数据源"对话框，单击右侧列表框上方的"编辑"按钮，编辑新添加图例项的坐标轴标签。

第3部分

STEP 6　指定单元格区域

❶打开"轴标签"对话框，删除"轴标签区域"文本框的数据，然后选择 A3:A10 单元格区域作为新的标签；❷单击"确定"按钮。

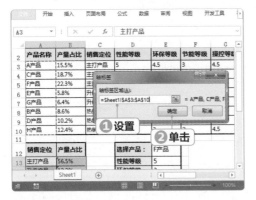

STEP 7　确认设置

返回"选择数据源"对话框，单击"确定"按钮确认图表数据的设置。

STEP 8　设置数据系列

在饼图的数据系列上单击鼠标右键，在弹出的快捷菜单中选择"设置数据系列格式"命令。

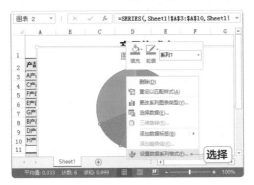

STEP 9　指定数据系列

❶在打开的窗格中单击选中"次坐标轴"单选项；❷单击"关闭"按钮关闭窗格。

STEP 10　分离饼图

确保在没有选择任何数据系列的情况下，将鼠标光标移至饼图上方并向外拖动鼠标，将上层饼图分离出来。

技巧秒杀

精确分离饼图

单击选中"次坐标轴"单选项后，可选择整个数据系列，然后在窗格的"饼图分离程度"栏中拖动滑块或直接在数值框中输入数值来控制上层饼图的分离程度。

STEP 11　移动数据系列

单独选择分离出来的某一个数据系列，向饼图中心拖动，将其中心点对齐。

STEP 12 **移动其他数据系列**

按相同的方法将分离出来的其他数据系列逐一移动，使上层饼图重新合并在一起。

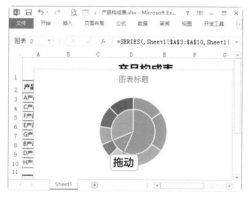

STEP 13 **修改图表标题**

删除下方的图例，然后将图表标题修改为"不同销售定位下的产品产量占比份额"。

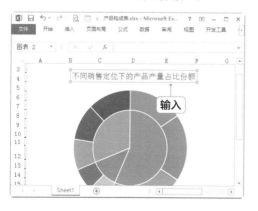

STEP 14 **添加数据标签**

利用鼠标右键分别为上层饼图和下层饼图添加数据标签。

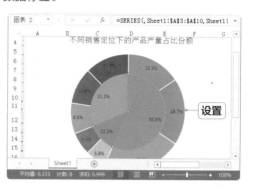

STEP 15 **设置数据标签**

分别为上层饼图和下层饼图的数据标签显示类别名称，并设置为分行显示。

STEP 16 **重新指定上层饼图的轴标签**

❶利用鼠标右键打开"选择数据源"对话框，选择左侧列表框中的"系列 1"选项；❷利用右侧的"编辑"按钮指定轴标签为产品分类所在的单元格区域，即 A13:A15 单元格区域；❸单击"确定"按钮。

第
3
部
分

STEP 17 应用图表样式

在【图表工具 设计】/【图表样式】组的下拉列表中选择"样式6"选项。为图表应用样式后，手动调整数据标签的位置，使其在对应的数据系列内部显示。

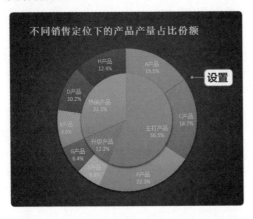

STEP 18 设置字体和颜色

❶将整个图表的字体格式设置为"微软雅黑、加粗"；❷逐一调整双层饼图各个数据系列的颜色，使上下两层饼图的数据关系得以更好地展现。

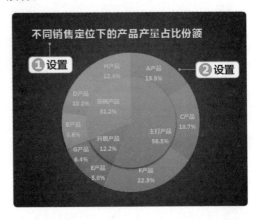

9.2.3 创建雷达图

　　雷达图是 Excel 图表中的一种，它形似雷达界面，可以有效地表示数据的聚合值，也就是数据在各个方向上达到的峰值。下面在"产品构成表.xlsx"工作簿中使用雷达图，结合预先设计好的数据验证和函数，来实现选择不同产品便可显示对应等级评分的雷达图的效果，其具体操作步骤如下。

微课：创建雷达图

STEP 1 数据验证与函数的应用

在创建雷达图之前，应确保 E12 单元格中使用数据验证实现了可选产品的功能，并确保 E13:E17 单元格区域中使用 VALUE( ) 和 VLOOKUP( ) 函数实现了查找并返回数值的功能。

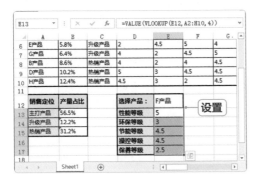

STEP 2 插入雷达图

选择任意空白单元格，在【插入】/【图表】组中单击"插入股价图、曲面图或雷达图"按钮，在打开的下拉列表中选择"雷达图"栏下的第 1 种图表类型。

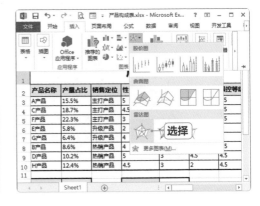

STEP 3 选择数据

在空白的图表区域上单击鼠标右键，在弹出的快捷菜单中选择"选择数据"命令。

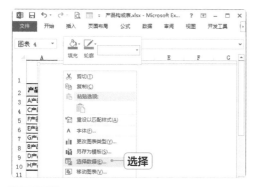

STEP 4 指定系列值

❶打开"选择数据源"对话框，单击"添加"按钮，打开"编辑数据系列"对话框，删除"系列值"中原有的数据，并重新指定为 E13:E17 单元格区域；❷单击"确定"按钮。

STEP 5 指定轴标签

❶返回"选择数据源"对话框，单击右侧的"编辑"按钮，在打开的对话框中将轴标签指定为 D13:D17 单元格区域；❷单击"确定"按钮。

STEP 6 确认设置

返回"选择数据源"对话框，单击"确定"按钮。

STEP 7 调整图表

适当增加图表尺寸，然后删除图表标题。

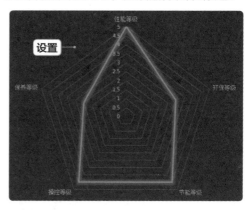

STEP 8 移动绘图区

选择绘图区，逐渐多次将其向下拖动，调整其在图表中的位置。

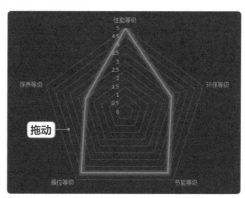

STEP 9 设置坐标轴

在雷达图的坐标轴上单击鼠标右键，在弹出的快捷菜单中选择"设置坐标轴格式"命令，在打开的窗格中设置最小值、最大值以及主要单位、次要单位。

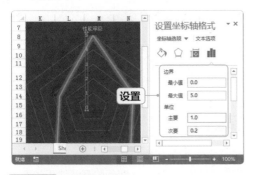

STEP 10 删除坐标轴

关闭窗格后，选择坐标轴，按【Delete】键将其从图表中删除。

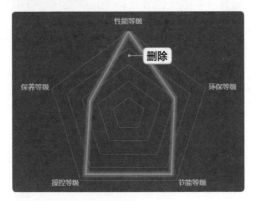

STEP 11 设置数据系列

❶在数据系列上单击鼠标右键，在弹出的快捷菜单中选择"设置数据系列格式"命令，在打开的窗格中单击"填充线条"按钮；❷单击选中"实线"单选项；❸将颜色设置为"黄色"。

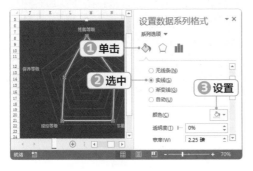

STEP 12 设置数据系列

❶继续在窗格中单击"效果"按钮；❷展开"发光"选项；❸将颜色设置为"黄色"；❹单击"关闭"按钮关闭窗格。

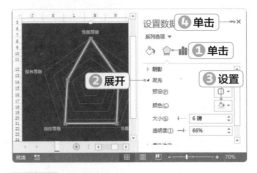

STEP 13 使用图表

在 E12 单元格中选择产品，如 E 产品，此时雷达图将显示 E 产品的等级分布。

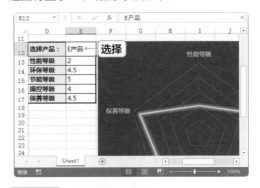

STEP 14 使用图表

重新选择 C 产品，此时雷达图又将同步显示 C 产品的登记分布情况。从而实现了动态查看图表的功能。

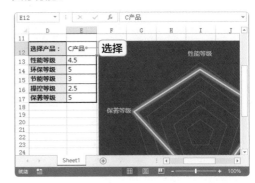

新手加油站 ——图表的应用技巧

1. 在图表中添加图片

在使用 Excel 生成图表时，如果希望图表变得更加生动、美观，可以使用图片来填充原来的单色数据条。为图表填充图片的具体操作步骤如下。

❶ 打开包含图表的工作表，在图表中需要添加图片的位置（可以是图表区域背景、绘图区背景或图例背景）单击鼠标右键，在弹出的快捷菜单中选择【设置 **** 格式】命令。

❷ 打开"设置 **** 格式"对话框，单击左侧的"填充"选项卡，单击选中"图片或纹理填充"单选项，在"插入图片来自"栏中单击"文件"或"联机"按钮，选择一张图片即可插入到图表中。

2. 为图表创建快照

使用 Excel 2013 中的快照功能可为图表添加摄影效果，更加体现图表的立体感和视觉效果，快照图片可以随图表的改变而改变。为图表创建快照的具体操作步骤如下。

❶ 打开素材文件，选择【文件】/【选项】命令，打开"Excel 选项"对话框，单击"自定义功能区"选项卡。

❷ 在"从下列位置选择命令"下拉列表框中选择"不在功能区中的命令"选项，然后在下方的列表框中选择"照相机"选项，单击"新建选项卡"按钮，再依次单击"添加"按钮和"确定"按钮。

❸ 选择图表所在位置的单元格区域，在【新建选项卡】/【新建组】组中单击"照相机"按钮。然后在工作表的任意位置单击，将拍摄的快照粘贴到其中，此时粘贴的对象为一张图片。

❹ 返回单元格区域，修改其中的数据，此时可查看到原图表发生了变化，并且快照图片已经随图表内容的改变而改变。

3. 利用 Power View 制作动态图表

Power View 类似于一个数据透视表的切片器，可以对数据进行筛选查看，用它可以制作出功能丰富的动态图表。创建 Power View 的具体操作步骤如下。

❶ 启动 Excel 2013，选择单元格区域，在【插入】/【报告】组中单击"Power View"按钮，打开一个提示框，询问是否启用 Power View，单击"启用"按钮。

❷ Excel 将打开一个 Power View 工作表（工作表名为"Power View1"），工作表界面主要包含 3 部分：最左边为显示画布区，用于放置多个 Power View 表格或 Power View 图表；中间是筛选器；右侧是字段列表显示区。

❸ 在右侧的"Power View 字段"任务窗格的"区域"栏中单击选中某一复选框，即可在显示画布区显示对应的表格字段。

❹ 在右侧的"Power View 字段"任务窗格的"区域"栏中将某个字段拖动到筛选器中，

即可对表格中的数据进行筛选，并显示动态效果，如这里将"姓名"字段拖动到筛选器中，单击选中某个同学的姓名所在的复选框，即可查看该姓名同学的各科成绩。

❺ 在【设计】/【切换可视化效果】组中选择一种图表样式，这里单击"条形图"按钮，在打开的列表中选择"簇状条形图"选项，显示画布区将显示该数据的条形图。

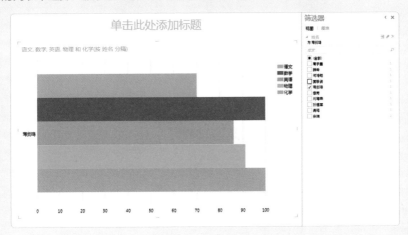

❻ 在筛选区中再单击选中一个复选框，显示画布区也将同时显示该复选框对应字段的相关数据条形图，单击条形图图示区的某一项字段，将单独显示该字段对应的数据的对比情况。

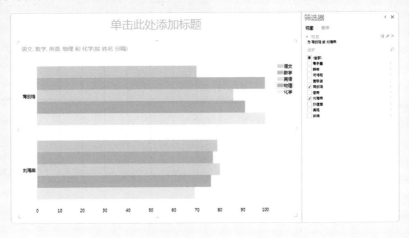

高手竞技场 ——图表的应用练习

1. 分析"费用统计表"

打开"费用统计表.xlsx"工作簿，使用图表显示各费用项目占支出费用的比例，要求如下。

● 在工作表中创建饼图。

● 设置图表样式，美化图表。

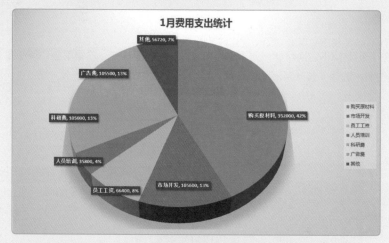

2. 分析"销售数据表"

打开"销售数据表.xlsx"工作簿，使用柱图表查看 10 月的销售情况，要求如下。

● 创建空白三维柱形图，手动指定数据系列和对应的轴标签，体现销售员张涛在 10 月份的销售情况，然后应用图表样式并适当设置图表。

● 按相似的方法创建折线图，体现电视机在 10 月份的销售情况。

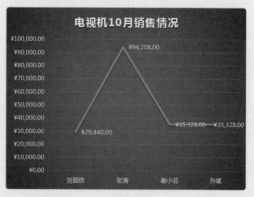

第3部分

第3部分

图表与数据分析

第 10 章

数据分析与汇总

/ 本章导读

使用 Excel 制作表格后，可以根据需要对表格中的数据进行管理，即排序、筛选和汇总。在本章中将会学习到数据的排序、筛选、汇总以及合并等相关知识，同时还将进一步掌握"记录单"功能的各种使用方法。掌握这些数据的管理方法，就可以轻松地使用 Excel 对数据进行各种分析操作。

	A	B	C	D	E	F	G
		大草原肉制品公司销售情况					
1							
2	销售人员	产品	实体店	网店	直销	合计	销量评定
3	曾小凤	兔肉	¥120,586.35	¥12,536.30	¥12,563.20	¥145,685.85	差
4	曾小凤	牦牛肉	¥60,654.30	¥36,363.64	¥70,800.00	¥167,817.94	良
5	曾小凤	蟹肉	¥56,347.58	¥12,121.21	¥65,473.00	¥133,941.79	差
6	曾小凤	虾肉	¥38,654.53	¥23,030.30	¥44,840.00	¥106,524.83	差
7	曾小凤 汇总				¥193,676.20		
8	曾小凤 汇总					¥553,970.41	
9	王丹	鹅肉	¥85,967.30	¥54,213.60	¥52,623.00	¥192,803.90	良
10	王丹	鹿肉	¥50,000.00	¥30,303.03	¥59,000.00	¥139,303.03	差
11	王丹 汇总				¥111,623.00		
12	王丹 汇总					¥332,106.93	
13	周龙	牛肉	¥80,869.00	¥48,484.85	¥94,400.00	¥223,753.85	优
14	周龙	羊肉	¥50,500.00	¥30,303.03	¥59,000.00	¥139,803.03	差
15	周龙	鱼肉	¥23,000.00	¥13,939.39	¥27,140.00	¥64,079.39	差
16	周龙 汇总				¥180,540.00		
17	周龙 汇总					¥427,636.27	
18	周萍	猪肉	¥69,865.32	¥4,568.30	¥54,623.00	¥129,056.62	差
19	周萍	鸽子肉	¥30,000.00	¥18,181.82	¥35,400.00	¥83,581.82	差

10.1 编辑"库存盘点表"

如果表格中的每一行数据为一条完整的数据记录，每一列为数据记录的各个字段，且这些数据区域是连续的，那么这些数据构成的表格就称为二维表格。换句话说，二维表格的第一行为字段名称，其余行为每一条数据记录，每一列则为字段。这样，就可以利用"记录单"功能来对表格数据进行编辑，特别是数据量很大的情况下，使用记录单能让工作变得更加轻松。第一章中对"记录单"功能进行了初步介绍，下面进一步对该功能的各种使用方法进行讲解。

10.1.1 编辑数据记录

将"记录单"按钮添加到快速访问工具栏后，便可利用记录单对数据记录进行新建、编辑和删除等操作。

微课：编辑数据记录

第3部分

1. 新建记录

当需要在二维表格中添加新的记录时，可利用记录单进行新建工作。下面在"库存盘点表.xlsx"工作簿中使用记录单新建数据记录，其具体操作步骤如下。

STEP 1　新建记录

❶打开"库存盘点表.xlsx"工作簿，单击快速访问工具栏中的"记录单"按钮；❷打开"盘点"对话框，单击"新建"按钮。

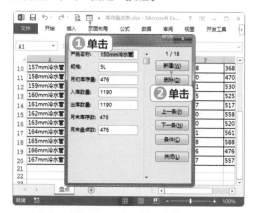

STEP 2　输入记录内容

❶依次在文本框中输入数据记录的各个字段内容（没有文本框的字段表示是根据公式或函数自动生成的字段）；❷单击"新建"按钮。

STEP 3　插入数据记录

此时输入的数据记录将自动添加到二维表格的最后一行，并应用相同的格式。根据需要可继续添加新的数据记录，如果无须添加，则可单击"关闭"按钮。

　操作解谜

新建的记录何时确认

单击记录单对话框中的"新建"按钮后，只要在文本框中输入了内容，就会在二维表格中插入新的记录。也就是说，输入内容后，无论是否输入完整，关闭对话框就能确认输入，而无须再次单击"新建"按钮进行确认。

2. 编辑记录

在记录单对话框中编辑记录也非常方便。下面在"库存盘点表 .xlsx"工作簿中使用记录单修改某条记录的月末盘点数，其具体操作步骤如下。

STEP 1 **打开记录单对话框**
❶单击快速访问工具栏中的"记录单"按钮，打开记录单对话框；❷拖动滑块切换到需要编辑的数据记录。

 操作解谜

记录单对话框的名称

打开记录单对话框后，该对话框的名称不是固定不变的，而是与二维表格所在工作表的名称一致。工作表是什么名称，则记录单对话框就是什么名称。

STEP 2 **修改记录**
❶将"月末盘点数"文本框中的数据修改为"438"；❷单击"关闭"按钮。

STEP 3 **查看结果**
此时二维表格中对应数据记录的单元格数据便自动更改为修改的数据。

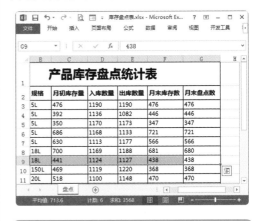

3. 删除记录

对于无用的数据记录，可在记录单对话框中予以删除。下面在"库存盘点表 .xlsx"工作簿中将最后一条数据记录删除，其具体操作步骤如下。

STEP 1 **打开记录单对话框**
❶单击快速访问工具栏中的"记录单"按钮，打开记录单对话框；❷拖动滑块切换到最后一条数据记录。

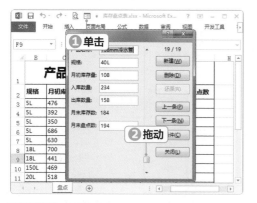

STEP 2 删除记录

①单击"删除"按钮；②打开提示对话框，单击"确定"按钮确认删除。

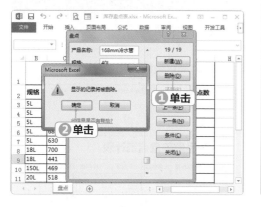

STEP 3 关闭对话框

数据记录删除后，单击"关闭"按钮关闭记录单对话框。

STEP 4 查看结果

此时二维表格中的最后一条数据记录将同步删除。

10.1.2 浏览数据记录

记录单除能够实现数据记录的新建、编辑和删除等操作外，更重要的是可以对数据记录进行浏览和查找，这对于数据量庞大的表格而言，无疑是非常有利的工具。下面介绍如何利用记录单实现数据记录的浏览和查找。

微课：浏览数据记录

1. 浏览记录

记录单对话框提供有逐条浏览记录的功能按钮，可以方便用户逐一查看数据记录的内容。下面在"库存盘点表.xlsx"工作簿中对数据记录进行浏览，其具体操作步骤如下。

STEP 1 打开记录单对话框

单击快速访问工具栏中的"记录单"按钮，打开记录单对话框，此时默认显示第一条数据记录。

STEP 2 浏览下一条记录

单击"下一条"按钮，此时将显示第 2 条数据
记录的内容。

STEP 3 逐一浏览

继续单击"下一条"按钮，逐一浏览每条数据
记录。

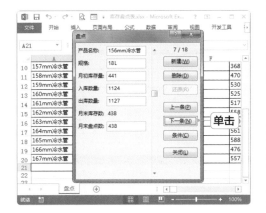

技巧秒杀

恢复数据记录

如果对某条数据记录进行了不恰当的修
改，可在记录单对话框中单击"还原"按
钮将数据还原。

STEP 4 返回查看

❶如果希望重新查看前面的数据记录，可单击
"上一条"按钮进行查看；❷结束后单击"关闭"
按钮关闭对话框。

2. 查找记录

在数据量大的表格中，如果要查看某条指
定的数据记录或修改某条数据记录，逐一浏览
比较费时费力，此时可通过查找的方法，快速
找到需要的数据记录。下面在"库存盘点表.xlsx"
工作簿中查找并修改错误的数据记录，其具体
操作步骤如下。

STEP 1 查找记录

❶单击快速访问工具栏中的"记录单"按钮打
开记录单对话框；❷单击该对话框右下方的"条
件"按钮。

STEP 2 输入条件

在"月末盘点数"文本框中输入"680"，表
示需要查找的是月末盘点数为 680 的数据记录。

STEP 3 查找结果

单击"上一条"或"下一条"按钮便可快速显示符合条件的数据记录。

STEP 4 修改记录

❶将月末盘点数修改为"681"；❷单击"关闭"按钮。

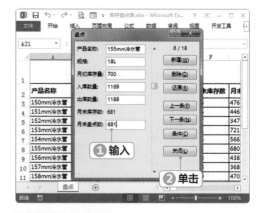

STEP 5 完成修改

此时二维表格中的相应数据也按照修改的结果发生了改变。

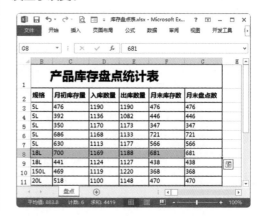

微课：数据排序

10.2 编辑"文书档案管理表"

企业经过一段时间的生产经营后，都会产生大量的文书资料，此时就需要整理好相关的文件以便归档保存。利用 Excel 可以轻松地将整理出的文书档案进行排列筛选。下面详细介绍对数据记录进行排序和筛选的方法，主要包括简单排序、单关键字排序、多关键字排序、按行排序和自定义排序，以及自动筛选、自定义筛选和高级筛选等内容。

10.2.1 数据排序

数据排序是 Excel 数据管理的基本方法，可以将表格中杂乱的数据按一定的条件进行排列，以方便查看、汇总和分析。在数据量较多的表格中，数据排序功能非常实用。

1. 简单排序

简单排序可以快速对二维表格中的数据记录重新进行排列。下面通过简单排序来排列"文书档案管理表 .xlsx"工作簿中的数据记录，其具体操作步骤如下。

STEP 1 　设置排序方式

❶打开"文书档案管理表 .xlsx"工作簿，选择存档日期下的某个单元格，表示将以存档日期为排序依据；❷单击【数据】/【排序和筛选】组中的"升序"按钮。

STEP 2 　查看结果

此时二维表格中的数据记录将按照存档日期从小到大进行排列。

STEP 3 　设置排序方式

保持单元格的选择状态，继续单击"排序和筛选"组中的"降序"按钮。

STEP 4 　查看结果

此时二维表格中的数据记录又将按照存档日期从大到小进行排列。

操作解谜

排序的前提

要在Excel中成功对数据记录进行排序，就必须保证排列的区域是二维表格。也就是说，如果数据存放在不连续的单元格，或单元格区域的结构不是二维表格的结构，都无法实现排序操作。同样，后面介绍的筛选、分类汇总等操作也是如此。

2. 单关键字排序

单关键字排序表面上与简单排序类似，但实际上这种排序方法可以人为设置排序依据，

第
10
章

数据分析与汇总

而不仅仅只以数值为依据进行排序。下面在"文书档案管理表 .xlsx"工作簿中对数据记录进行单关键字排序，其具体操作步骤如下。

STEP 1 套用表格样式

❶选择 A2:G25 单元格区域；❷在【开始】/【样式】组中单击"套用表格格式"按钮，在打开的下拉列表中选择"中等深浅"栏中的第 1 行第 2 列样式选项。

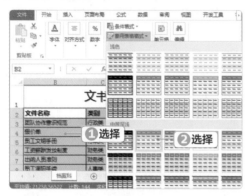

操作解谜

为什么要套用表格格式

这里套用表格格式是为了快速为数据记录填充不同的单元格颜色，为后面单关键字排序创造"单元格颜色"这种排序依据，而不是在单关键字排序之前必须套用表格格式。

STEP 2 设置数据来源

打开"套用表格式"对话框，单击"确定"按钮。

STEP 3 转换表格样式区域

❶单击【表格工具 设计】/【工具】组中的"转换为区域"按钮；❷打开提示对话框，单击"确定"按钮。

STEP 4 数据排序

保持单元格区域的选择状态，单击【数据】/【排序和筛选】组中的"排序"按钮。

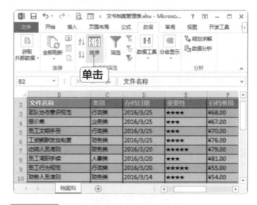

STEP 5 设置排序关键词和依据

❶打开"排序"对话框，在"主要关键字"下拉列表框中选择"文件名称"选项；❷在"排序依据"下拉列表框中选择"单元格颜色"选项。

STEP 6 设置排列次序

❶在"次序"下拉列表框中选择浅蓝色选项；
❷在右侧的下拉列表框中选择"在底端"选项；
❸单击"确定"按钮。

STEP 7 查看结果

此时二维表格中的数据记录将根据文件名称字段下的单元格填充颜色进行排列。

操作解谜

按单元格颜色排序

　　按单元格颜色排序时，无论一个字段下有几种填充颜色，设置排序依据时只能指定一种颜色是在顶端还是在底端，而不能依次设置各种颜色的排列顺序。

3. 多关键字排序

　　在一些数据字段较多的表格中，可以按多个条件排序功能实现排序，此时如果第一个关键字的数据相同，就按第二个关键字的数据进行排序……从而可以更精确地控制数据记录的排列次序。下面在"文书档案管理表.xlsx"工作簿中对数据记录进行多关键字排序，其具体操作步骤如下。

STEP 1 数据排序

❶选择 A2:G25 单元格区域；❷单击【数据】/【排序和筛选】组中的"排序"按钮。

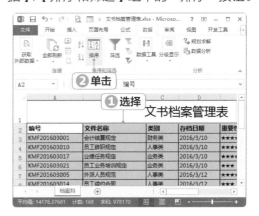

STEP 2 设置主要关键字

❶打开"排序"对话框，将主要关键字的字段、排序依据和次序分别设置为"存档日期、数值、降序"；❷单击"添加条件"按钮。

STEP 3 设置次要关键字

❶此时将增加一行次要关键字的设置参数，将其字段、排序依据和次序分别设置为"重要性、数值、降序"；❷继续单击"添加条件"按钮。

STEP 4　设置次要关键字

❶继续将新添加的字段、排序依据和次序分别设置为"编号、数值、升序"；❷单击"确定"按钮。

STEP 5　查看结果

此时二维表格中的数据记录将首先按存档日期从大到小排列，如果存档日期相同，则按重要性从多到少排列。如果重要性仍然相同，则按编号从小到大排列。

4. 按行排序

　　Excel默认的排序方式是按列排列，而某些场合可能需要对数据按行排序，比如数据记录在列的方向，字段在行的方向时，此时可通过"排序选项"对话框对数据进行按行排序。下面在"文书档案管理表.xlsx"工作簿中通过设置对数据记录进行按行排序，其具体操作步骤如下。

STEP 1　设置排序参数

❶选择 A2:G25 单元格区域，单击"排序"按钮；❷打开"排序"对话框，单击"选项"按钮。

STEP 2　按行排序

❶打开"排序选项"对话框，单击选中"按行排序"单选项；❷单击"确定"按钮。

STEP 3　设置排序依据

❶返回"排序"对话框，将主要关键字的字段、排序依据和次序分别设置为"行2、数值、降序"；❷单击"确定"按钮。

STEP 4　查看结果

此时二维表格中的数据字段将根据字段名称在行的方向上重新排列。

5. 自定义排序

　　Excel 中的排序方式可满足大多数需要，对于一些特殊要求的排序可进行自定义设置，如按照职务、部门等进行排序时，便可指定职务和部门的排列顺序。下面在"文书档案管理表 .xlsx"工作簿中进行自定义排序，其具体操作步骤如下。

STEP 1　自定义序列

❶选择 A2:G25 单元格区域，单击"排序"按钮；❷打开"排序"对话框，设置主要关键字字段为"经办人"；❸在"次序"下拉列表框中选择"自定义序列"选项。

STEP 2　输入序列

打开"自定义序列"对话框，在"输入序列"列表框中输入先后输入经办人姓名，中间按【Enter】键换行。

STEP 3　添加序列

❶单击"添加"按钮，将输入的序列添加到左侧的列表框中；❷单击"确定"按钮。

技巧秒杀

删除序列

在"自定义序列"对话框左侧的列表框中选择某个添加的序列选项，单击"删除"按钮可将该序列删除。

STEP 4　确认排序参数

返回"排序"对话框，"次序"下拉列表框中的选项将自动设置为前面添加的自定义序列，单击"确定"按钮。

人姓名先后进行排列。

STEP 5　查看结果

此时二维表格中的数据记录将按照指定的经办

10.2.2 │ 数据筛选

工作中有时需要从数据繁多的数据中查找符合某一个或某几个条件的数据，这就是数据的筛选。利用 Excel 强大的筛选功能，可以轻松设置条件并筛选出数据，下面分别介绍相应的筛选方法。

微课：数据筛选

1. 指定目标筛选

如果明确数据记录中存在某个数据，便可指定该数据快速进行筛选，将对应的数据记录筛选出来。下面在"文书档案管理表.xlsx"工作簿中通过指定目标的方式筛选出需要的数据，其具体操作步骤如下。

STEP 1　进入筛选状态

❶选择二维表格中任意一个单元格，这里选择A5单元格；❷在【数据】/【排序和筛选】组中单击"筛选"按钮。

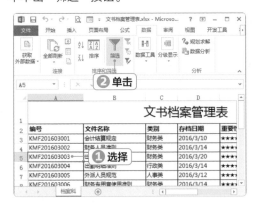

STEP 2　输入筛选内容

❶此时所有字段右侧都会出现下拉按钮，单击"文件名称"字段右侧的下拉按钮；❷在打开的下拉列表中的"搜索"文本框中输入"员工文明手册"；❸单击"确定"按钮。

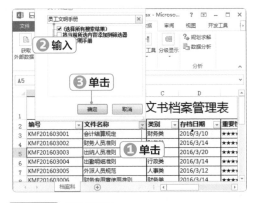

STEP 3　查看结果

此时二维表格中将显示与员工文明手册对应的数据记录，其余数据记录将暂时被隐藏。单击"排序和筛选"组中的"清除"按钮可清除筛选状态，重新显示所有的数据记录。

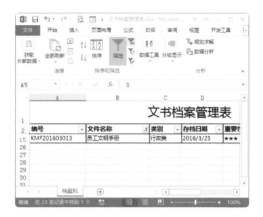

STEP 4 设置筛选条件

❶再次单击"文件名称"字段右侧的下拉按钮；
❷在打开的下拉列表中撤销选中"（全选）"
复选框。

STEP 5 指定目标

❶依次单击选中所有名称前两个字为"员工"
的复选框；❷单击"确定"按钮。

STEP 6 查看结果

此时二维表格中仅显示出文件名称前两个字为
"员工"的所有数据记录。

2. 自动筛选

Excel 在筛选数据时，提供了许多常用的
筛选条件，利用这些条件可以快速实现自动筛
选的效果。下面在"文书档案管理表 .xlsx"工
作簿中使用预设的筛选条件来筛选数据，其具
体操作步骤如下。

STEP 1 选择筛选条件

❶单击"归档费用"字段右侧的下拉按钮；
❷在打开的下拉列表中选择"数字筛选"子列
表下的"大于"选项。

STEP 2 设置筛选条件

❶打开"自定义自动筛选方式"对话框，在"大
于"下拉列表框右侧的下拉列表框中输入"75"；

❷单击"确定"按钮。

表下的"介于"选项。

STEP 3　查看结果

此时二维表格中将显示所有归档费用高于 75 元的数据记录。单击"排序和筛选"组中的"清除"按钮清除筛选状态。

STEP 5　设置筛选条件

❶打开"自定义自动筛选方式"对话框，在右侧上下两个下拉列表框中分别输入"2016/3/15"和"2016/3/25"；❷单击"确定"按钮。

技巧秒杀

取消筛选

对二维表格执行筛选操作后，相关字段右侧的下拉按钮将变为筛选按钮，单击该按钮，可在打开的下拉列表中选择"从'（字段名称）'中清除筛选"选项，也可清除筛选状态。

STEP 4　选择筛选条件

❶单击"存档日期"字段右侧的下拉按钮；❷在打开的下拉列表中选择"日期筛选"子列

操作解谜

"与"和"或"

自定义筛选条件时，对话框中可通过选中"与"或"或"两个单选项来限制设置的条件。前者表示同时具备上下两种条件，后者表示具备上下任意一种条件。

STEP 6　查看结果

此时二维表格中将显示 2016 年 3 月 15 日至 2016 年 3 月 25 日之间的归档记录。

3. 自定义筛选

如果Excel预设的条件不能满足筛选要求，则可以自定义筛选条件来筛选数据。下面在"文书档案管理表.xlsx"工作簿中通过自定义筛选条件来筛选需要的数据，其具体操作步骤如下。

STEP 1　自定义筛选

❶单击"归档费用"字段右侧的下拉按钮；❷在打开的下拉列表中选择"数字筛选"子列表下的"自定义筛选"选项。

STEP 2　设置筛选条件

❶打开"自定义自动筛选方式"对话框，在左上方的下拉列表框中选择"小于"选项，在右上方的下拉列表框中输入"60"；❷单击选中"或"单选项；❸在左下方的下拉列表框中选择"大于"选项，在右下方的下拉列表框中输入"80"；❹单击"确定"按钮。

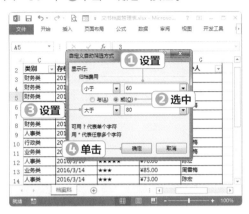

STEP 3　查看结果

此时二维表格中将显示归档费用小于 60 元或者大于 80 元的所有归档记录。

4. 高级筛选

当自定义筛选仍然不能满足筛选要求时，Excel 还提供有高级筛选功能，使用高级筛选功能可以筛选出任何所需的数据结果。下面在"文书档案管理表.xlsx"工作簿中使用高级筛选功能来筛选数据，其具体操作步骤如下。

STEP 1　输入筛选条件

在 C27:E28 单元格区域中输入筛选条件，格式为：上方为与二维表格完全相同的字段名称，下方为具体的限制条件。

STEP 2 高级筛选

在【数据】/【排序和筛选】组中单击"高级筛选"按钮。

STEP 3 设置高级筛选列表区域

打开"高级筛选"对话框，将列表区域指定为A2:G25单元格区域。

STEP 4 设置高级筛选条件区域

❶继续在"高级筛选"对话框中将条件区域指

定为C27:E28单元格区域；❷单击"确定"按钮。

STEP 5 查看结果

此时二维表格中将根据设置的条件显示符合的数据记录。

操作解谜

高级筛选

　　高级筛选实际上是同时对多个字段进行筛选，使数据记录同时满足这些字段的筛选条件。因此，也可以逐一对字段设置筛选条件并进行筛选，最终同样也能得到高级筛选的结果。只是这种方式不利于筛选条件的设置，容易出错而导致筛选结果出现误差。

第3部分

10.3 编辑"肉制品销量表"

除排序与筛选外，对数据进行合并计算和分类汇总，也是常见的管理与分析数据的方法。这些功能可以有效地帮助用户提高数据汇总的效率，并提高结果的准确率。比如希望查看某个部门的考核情况，可利用分类汇总来实现；希望将不同工作表中各个部门的绩效评分汇总分析，可利用合并计算功能来实现。

10.3.1 数据合并计算

如果要将相似结构或内容的多张表格进行合并汇总，使用 Excel 中的合并计算功能就可以轻松实现。按合并计算的方式不同，可采取按位置合并计算表格中的数据和按类« 合并计算表格数据两种方法。

微课：数据合并计算

1. 按位置合并计算

按位置合并计算是指当多个表格中数据的排列顺序与结构相同时，可按数据所在位置对其进行合并计算。下面在"肉制品销量表 .xlsx"工作簿中，按位置合并计算表格中的各项数据，其具体操作步骤如下。

STEP 1　合并计算

❶打开"肉制品销量表 .xlsx"工作簿，切换到"全年（按位置合并计算）"工作表；❷选择 C3 单元格；❸在【数据】/【数据工具】组中单击"合并计算"按钮。

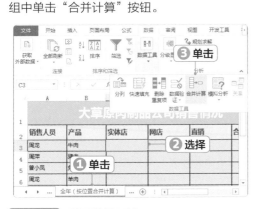

STEP 2　引用数据区域

❶打开"合并计算"对话框，切换到"上半年"工作表；❷将引用位置指定为 C3:F13 单元格区域；❸单击"添加"按钮。

STEP 3　添加数据区域

❶切换到"下半年"工作表；❷将引用位置同样指定为 C3:F13 单元格区域；❸单击"确定"按钮。

STEP 4 查看结果

此时将自动返回"全年（按位置合并计算）"
工作表，并汇总合计出全年的销售额。

2. 按类合并计算

　　若需进行合并的单元格区域中的数据的表
头字段、记录名称或排列顺序三者中有一个不同
时，则可通过按类合并的方式对数据进行合并计
算。下面在"肉制品销量表.xlsx"工作簿中，
按类别合并计算表格中的各项数据，其具体操作
步骤如下。

STEP 1 数据排序

❶切换到"下半年"工作表；❷选择 B3 单元格；
❸在【数据】/【排序和筛选】组中单击"升序"
按钮，将此工作表中的数据记录排列顺序与"上
半年"工作表中的数据记录排列顺序人为地设
置为不同的顺序。

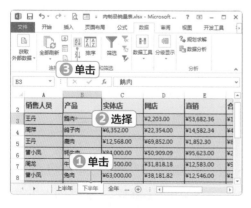

STEP 2 合并计算

❶切换到"全年（按类合并计算）"工作表；
❷选择 A2 单元格；❸在【数据】/【数据工具】
组中单击"合并计算"按钮。

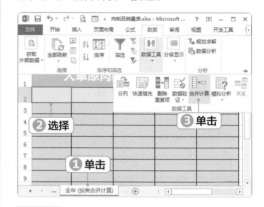

STEP 3 引用数据区域

❶打开"合并计算"对话框，切换到"上半年"
工作表；❷将引用位置指定为 B2:F13 单元格
区域；❸单击"添加"按钮。

技巧秒杀

删除添加的区域

在"合并计算"对话框中，添加的合并计
算区域将显示到"所有引用位置"列表框
中，选择其中的某个区域，单击"删除"
按钮可将该区域删除。

STEP 4 添加数据区域

❶切换到"下半年"工作表；❷将引用位置同

样指定为 B2:F13 单元格区域。

技巧秒杀

设置汇总方式

在"合并计算"对话框顶部的"函数"下
拉列表框中可设置汇总方式，除默认的求
和汇总外，还包括计数、平均值、乘积、
最大值、最小值、方差等可供选择。

STEP 5 设置标签位置

❶单击选中"首行"和"最左列"复选框；❷单
击"确定"按钮。

STEP 6 查看结果

此时在"全年（按类合并计算）"工作表中汇
总合计出全年的销售额。

	实体店	网店	直销	合计
牛肉	¥133,369.00	¥80,303.03	¥106,983.00	¥320,655.03
猪肉	¥109,765.32	¥28,750.12	¥80,255.00	¥218,770.44
兔肉	¥183,586.35	¥50,718.12	¥25,109.20	¥259,413.67
羊肉	¥74,650.00	¥44,939.39	¥76,845.00	¥196,434.39
牦牛肉	¥144,654.30	¥87,272.73	¥166,423.00	¥398,350.03
鱼肉	¥75,500.00	¥45,757.58	¥81,266.00	¥202,523.58
蟹肉	¥68,910.58	¥24,699.21	¥78,019.00	¥171,628.79
鹅肉	¥131,749.60	¥56,416.60	¥106,305.36	¥294,471.56
鸽子肉	¥36,352.00	¥40,535.82	¥49,982.34	¥126,870.16

10.3.2 数据分类汇总

数据的分类汇总就是将性质相同或相似的一类数据放到一起，使其成为"一
类"，并进一步对这类数据进行各种统计计算，这样不仅使表格的数据结构更加
清晰，而且能有针对性地对数据进行汇总。

微课：数据分类汇总

1. 创建分类汇总

要创建分类汇总，首先要对数据进行排序，
然后以排序的字段为汇总依据，进行求和、求
平均值、求最大值等各种汇总操作。下面在"肉
制品销量表 .xlsx"工作簿中进行分类汇总，其
具体操作步骤如下。

STEP 1 数据排序

❶切换到"上半年"工作表；❷选择 A3 单元格；
❸在【数据】/【排序和筛选】组中单击"升序"

按钮。

STEP 2 分类汇总

保持单元格的选择状态，在【数据】/【分级显示】组中单击"分类汇总"按钮。

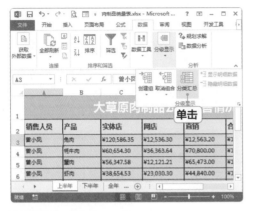

STEP 3 设置汇总参数

❶打开"分类汇总"对话框，在"分类字段"下拉列表框中选择"销售人员"选项；❷在"选定汇总项"列表框中仅单击选中"合计"复选框；❸单击"确定"按钮。

技巧秒杀

删除分类汇总

在"分类汇总"对话框中单击左下角的"全部删除"按钮，可删除分类汇总结果，重新恢复到二维表格状态。

STEP 4 查看结果

此时将合计出每名销售人员的销售总体业绩

情况。

大草原肉制品公司销售情况					
销售人员	产品	实体店	网店	直销	合计	销量
曹小凤	兔肉	¥120,586.35	¥12,536.30	¥12,563.20	¥145,685.85	差
曹小凤	牦牛肉	¥60,654.30	¥36,363.64	¥70,800.00	¥167,817.94	差
曹小凤	蜜肉	¥56,347.58	¥12,121.21	¥65,473.00	¥133,941.79	差
曹小凤	虾肉	¥38,654.53	¥23,030.30	¥44,840.00	¥106,524.83	差
曹小凤 汇总					¥553,970.41	
王丹	猪肉	¥85,967.30	¥54,213.60	¥52,623.00	¥192,803.90	良
王丹	禽肉	¥50,000.00	¥30,303.03	¥59,000.00	¥139,303.03	差
王丹 汇总					¥332,106.93	
周龙	牛肉	¥80,869.00	¥48,484.85	¥94,400.00	¥223,753.85	优
周龙	羊肉	¥50,500.00	¥30,303.03	¥59,000.00	¥139,803.03	差
周龙	鱼肉	¥23,000.00	¥13,939.39	¥27,140.00	¥64,079.39	差
周龙 汇总					¥427,636.27	
周萍	腊肉	¥69,865.32	¥4,568.30	¥54,623.00	¥129,056.62	差
周萍	粽子肉	¥30,000.00	¥18,181.82	¥35,400.00	¥83,581.82	差
周萍 汇总					¥212,638.44	
总计					¥1,526,352.05	

2. 多重分类汇总

默认创建分类汇总时，在表格中只能显示一种汇总方式，用户可根据所需进行设置，添加多种汇总结果，以便查看。下面在"肉制品销量表.xlsx"工作簿中进行多重分类汇总，其具体操作步骤如下。

STEP 1 分类汇总

对销售人员的销量合计进行分类汇总后，继续在【数据】/【分级显示】组中单击"分类汇总"按钮。

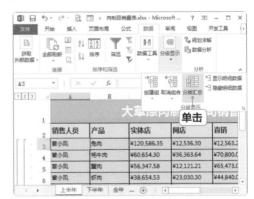

STEP 2 设置分类汇总参数

❶打开"分类汇总"对话框，在"选定汇总项"列表框中仅单击选中"直销"复选框；❷撤销选中下方的"替换当前分类汇总"复选框；❸单击"确定"按钮。

第3部分

STEP 3 查看结果

此时将同时显示对销售人员分类汇总出的直销销量和合计销量结果。

销售人员	产品	实体店	网店	直销	合计	销
曾小凤	兔肉	¥120,586.35	¥12,536.30	¥12,563.20	¥145,685.85	差
曾小凤	牦牛肉	¥60,654.30	¥36,363.64	¥70,800.00	¥167,817.94	良
曾小凤	蟹肉	¥56,347.58	¥12,121.21	¥65,473.00	¥133,941.79	良
曾小凤	驴肉	¥38,654.53	¥23,030.30	¥44,840.00	¥106,524.83	差
曾小凤 汇总					¥193,676.20	
曾小凤 汇总					¥553,970.41	
王丹	猪肉	¥85,967.30	¥54,213.60	¥52,623.00	¥192,803.90	良
王丹	鹿肉	¥50,000.00	¥30,303.03	¥59,000.00	¥139,303.03	
王丹 汇总					¥111,623.00	
王丹 汇总					¥332,106.93	
周龙	牛肉	¥80,869.00	¥48,484.85	¥94,400.00	¥223,753.85	优
周龙	羊肉	¥50,500.00	¥30,303.03	¥59,000.00	¥139,803.03	
周龙	鱼肉	¥23,000.00	¥13,939.39	¥27,140.00	¥64,079.39	
周龙 汇总					¥180,540.00	
周龙 汇总					¥427,636.27	
周萍	猪肉	¥59,865.32	¥4,568.30	¥54,623.00	¥129,056.62	差
周萍	缔子肉	¥30,000.00	¥18,181.82	¥35,400.00	¥83,581.82	差
周萍 汇总					¥90,023.00	
周萍 汇总					¥212,638.44	

操作解谜

多重分类汇总

多重分类汇总实际上是同时对不同的字段记性分类汇总。由于Excel默认会单击选中"替换当前的分类汇总"复选框,因此分类汇总某个字段后,会自动替换之前的分类汇总。所以要实现多重分类汇总的结果,只需撤销选中该复选框即可。

3. 控制分类汇总的显示数据

对数据进行分类汇总后,可通过显示和隐藏不同级别的明细数据来查看需要的结果。下面在"肉制品销量表.xlsx"工作簿中查看不同级别的分类汇总结果,其具体操作步骤如下。

STEP 1 显示 1 级数据

单击分类汇总后表格左侧的 1 级标记,此时表格将仅显示最终的汇总结果。

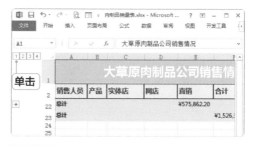

STEP 2 显示 2 级数据

单击 2 级标记,此时表格将显示最终的汇总结果和不同销售人员的汇总结果。

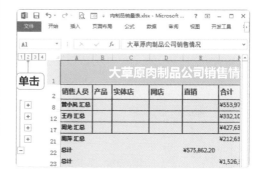

STEP 3 显示 3 级数据

单击 3 级标记,此时表格又将同时显示销售人员的直销汇总、合计汇总以及最终的汇总结果。

第 **10** 章 数据分析与汇总

STEP 4 显示 4 级数据

单击 4 级标记，此时表格将完整地显示所有的数据内容。

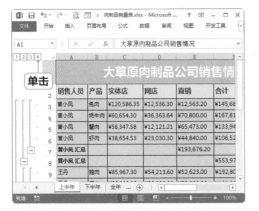

STEP 5 隐藏明细数据

❶选择 A3 单元格；❷在【数据】/【分级显示】组中单击"隐藏明细数据"按钮。

STEP 6 显示明细数据

此时所选单元格所在的明细数据将被隐藏，其他数据保持不变。继续在【数据】/【分级显示】组中单击"显示明细数据"按钮。

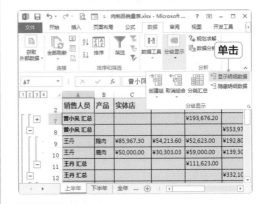

STEP 7 查看结果

此时将重新显示所选单元格所在区域的明细数据。

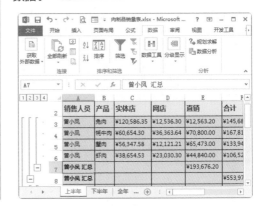

新手加油站 ——数据分析与汇总技巧

1. 控制单元格填充颜色的排列顺序

前面介绍过如果以单元格填充颜色为排序依据，只能指定某一颜色位于顶端还是底端，当出现多个颜色时，则无法控制单元格填充颜色的排列顺序。实际上，通过添加关键字的方法，无论有几种填充颜色，都可以严格按照数值的顺序排列，其具体操作步骤如下。

❶ 选择具有填充颜色的单元格，单击"排序"按钮打开"排序"对话框，设置主要关键

字、填充依据和次序，其中次序指定排在第 1 位的颜色。

❷ 单击"添加条件"按钮，继续设置相同的关键字和排序依据，即"单元格颜色"，然后在"次序"下拉列表框中指定排在第 2 位的颜色。

❸ 按相同的方法指定排在第 3 位的颜色，单击"确定"按钮即可。

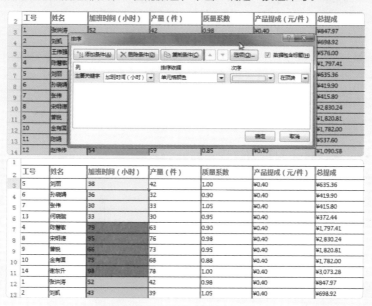

2. 按字体颜色或单元格颜色筛选

如果在表格中设置了单元格填充颜色或字体颜色，则可以针对这些颜色执行筛选操作，其方法为：单击设置过字体颜色或填充颜色字段右侧的下拉按钮，在打开的下拉列表中选择"按颜色筛选"选项，在打开的子列表中便可显示指定的颜色并筛选出对应的数据。

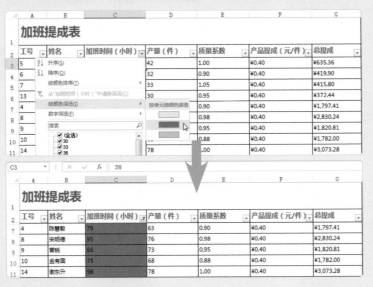

3. 按字符数量排序

按照字符数量进行排序是为了符合观看习惯，在制作某些表时，常需要用这种排序方式，使数据整齐清晰，如在一份图书推荐单中按图书名称字符数量进行升序排列，其具体操作步骤如下。

❶ 利用 LEN 函数返回图书名称包含的字符数量，如在 D2 单元格中输入函数"=LEN(A2)"，按【Enter】键，然后拖动填充柄复制函数到 D15 单元格。

❷ 此时利用"升序"按钮对返回字符数量的一列数据进行升序排列，即可实现根据书名的长度从短到长地排列数据记录。

第3部分

4. 巧用输入实现模糊搜索

筛选数据时，往往会明确筛选条件，以确保筛选结果准确无误。但如果需要筛选出包含有某个字符的数据记录时，则可以利用输入方式来模糊搜索并筛选，以保证所有包含有该字符的数据记录都能筛选出来。比如要筛选出书名中含有"士"字的数据记录，可单击"书名"字段右侧的下拉按钮，在打开的下拉列表的文本框中输入"士"，确认后即可筛选出所有书名包含"士"字的数据记录。

 高手竞技场 ——数据分析与汇总练习

1. 编辑"房价调查表"

根据提供的"房价调查表 .xlsx"工作簿中的数据，编辑部分数据记录，并进行排序和汇总操作，要求如下。

- 利用记录单功能增加项目名称为"望德花园"的数据记录。
- 利用记录单的查找功能搜索名称为"芙蓉小镇"的数据记录，并将每平米单价修改为"4725元"。
- 通过自定义序列的方式，以"小高层、电梯公寓、商铺、别墅"的顺序排列数据记录。
- 利用分类汇总功能汇总出每种类型房产的平均单价。

房价调查表

	编号	项目名称	开发商	产品类型	总户数	面积	每平米单价
3	1	侠库邻居	新地房产有限公司	小高层	466	40-75	¥4,500
4	4	名江岸	平安实业有限公司	小高层	1639	96-138	¥4,000
5	6	七里阳光	国欣房地产有限公司	小高层	2100	50-160	¥5,500
6	10	芙蓉小镇	成志房地产有限公司	小高层	1244	130-230	¥4,725
7	11	东城尚品	东方房地产有限公司	小高层	1386	50-180	¥4,688
8	14	贵香居	创思房地产有限公司	小高层	318	98-102	¥4,530
9	18	南山新城	名阳房地产有限公司	小高层	600	127-330	¥4,100
10	20	现代城市	大树房地产有限公司	小高层	1266	75-115	¥8,000
11	21	望德花园	辛德房地产有限公司	小高层	654	60-80	¥3,900
12				小高层 平均值			¥4,883
13	2	世纪新城	艳丽股份有限公司	电梯公寓	931	80-160	¥3,540
14	8	时代天骄	万里房地产有限公司	电梯公寓	300	90-140	¥4,620
15	13	东科城市花园	天地房地产有限公司	电梯公寓	498	55-137	¥4,700
16	15	花样年华	华信房地产有限公司	电梯公寓	1476	50-93	¥4,265
17	16	魅力城	开元房地产有限公司	电梯公寓	1140	60-175	¥5,785
18	17	美林湾	都华房地产有限公司	电梯公寓	1198	123-180	¥4,120
19				电梯公寓 平均值			¥4,505

2. 分析"公务员成绩表"

在提供的"公务员成绩表.xlsx"工作簿中对数据记录进行各种排序和筛选操作，要求如下。

- 按名次由高到低排列数据记录。
- 按总分由高到低排列数据记录，如果总分相同，则按行政能力测试得分由高到低排列。
- 筛选出招聘单位为市水利局的数据记录。
- 清除筛选，手动输入筛选条件，重新筛选出招聘单位为市委办公室、应聘职位为普通技术职位同时总分大于 140 分的记录。

公务员成绩表

	姓名	招聘单位	应聘职位	准考证号	行政能力测试	申论	总分	排名
3	李洁	市人事局	普通技术职位	5128069112	82分	76分	158分	1名
4	陈乐平	市粮食局	专业技术职位	5128069715	86分	71分	157分	2名
5	王根	市水利局	专业技术职位	5128069512	70分	80分	150分	3名
6	刘根	市水利局	专业技术职位	5128069809	68分	77分	145分	4名
7	朱关毅	市社保局	普通技术职位	5128069817	85分	60分	145分	5名
8	徐原	市委办公室	普通技术职位	5128069802	78分	66分	144分	6名
9	田靖	市社保局	普通技术职位	5128069119	81分	63分	144分	7名
10	周良杰	市人事局	普通技术职位	5128069156	67分	75分	142分	8名
11	童斌飞	市粮食局	专业技术职位	5128069612	78分	60分	138分	9名
12	闯丹	市社保局	普通技术职位	5128069236	60分	70分	130分	10名
13	苏大鹏	市委办公室	普通技术职位	5128069801	68分	60分	128分	11名
14	丁要平	市社保局	普通技术职位	5128069210	70分	55分	125分	12名
15	刘祥	市水利局	专业技术职位	5128069568	56分	68分	124分	13名
16	赵婉婷	市人事局	普通技术职位	5128069213	60分	63分	123分	14名
17	张军	市委办公室	普通技术职位	5128069112	66分	55分	121分	15名
18	王涛	市委办公室	普通技术职位	5128069804	50分	70分	120分	16名
19	高向英	市粮食局	专业技术职位	5128069813	62分	55分	117分	17名
20	房大新	市人事局	普通技术职位	5128069302	56分	50分	106分	18名

第3部分

第3部分

第11章

数据透视表和数据透视图的应用

/ 本章导读

分析数据是 Excel 强大的功能之一，前面学习了使用表格和图表来管理数据，在这一章中将进一步使用表格和图表来分析数据，即使用数据透视表和数据透视图来进行数据分析。掌握数据透视表和数据透视图的使用方法后，就可以更加轻松和高效地从复杂、抽象的数据中得到更加准确的答案。

使用部门		(全部)		
平均值项:固定资产净值	列标签			
行标签	零部件	设备	仪器	总计
测振仪			¥74,877	¥74,877
二等标准水银温度计			¥6,976	¥6,976
翻板水位计			¥19,744	¥19,744
高压厂用变压器		¥16,177		¥16,177
高压热水冲洗机		¥72,286		¥72,286
割管器		¥9,622		¥9,622
光电传感器		¥8,604		¥8,604
锅炉炉墙砌筑	¥435			¥435
继电器		¥559		¥559
螺旋板冷却器及阀门更换	¥20,101			¥20,101
母线桥	¥2,436			¥2,436
镍母线间隔棒垫	¥1,501			¥1,501
盘车装置更换		¥65,083		¥65,083
稳压源		¥68,984		¥68,984
总计	¥6,118	¥34,474	¥33,866	¥26,242

11.1 编辑"固定资产统计表"

每个企业都有自己的固定资产，也都需要对固定资产进行各种管理，如盘点、折旧、租用、出售等，因此很多情况下需要对固定资产的各方面数据进行汇总统计和分析管理。为了更好地利用 Excel 实现对固定资产的统计，下面在已经制作好的表格中使用数据透视表功能来灵活地汇总和分析固定资产表格数据。

11.1.1 创建数据透视表

创建数据透视表与创建图表的方法基本类似，可在表格中选择相应的数据区域，再利用插入数据透视表的按钮进行创建。也可以不选择数据区域，而直接在插入数据透视表时指定数据源进行创建。甚至，Excel 还提供了非常灵活的创建方法，即根据表格内容自动推荐数据透视表的数据区域。

微课：创建数据透视表

1. 插入数据透视表

插入数据透视表时，所选的数据区域必须是连续的。下面在"固定资产统计表 .xlsx"工作簿中，以既有的数据区域为来源插入数据透视表，其具体操作步骤如下。

STEP 1 选择数据区域

❶选择 A2:F16 单元格区域；❷在【插入】/【表格】组中单击"数据透视表"按钮。

STEP 2 设置数据透视表位置

❶打开"创建数据透视表"对话框，单击选中"新工作表"单选项；❷单击"确定"按钮。

STEP 3 重命名工作表

新建工作表并创建空白的数据透视表，将工作表名称更改为"透视分析"。

第 3 部分

2. 添加字段

数据透视表创建后默认为空白的，是因为还没有为其添加需要的字段。下面在"固定资产统计表.xlsx"工作簿中为创建的数据透视表添加相应的字段，以通过它显示出汇总的数据，其具体操作步骤如下。

STEP 1 添加字段

在创建数据透视表后自动打开"数据透视表字段"窗格，单击选中"使用部门"复选框，该字段将自动添加到下方的"行"列表框中。

STEP 2 移动字段

拖动"使用部门"字段至"列"列表框，将该字段的位置进行调整。

STEP 3 拖选字段

直接将上方的"类别"字段拖动到"行"列表框中。

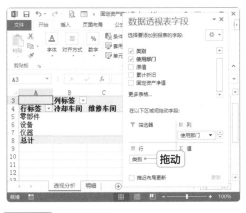

STEP 4 拖选字段

将"原值"字段拖动到"值"列表框中。

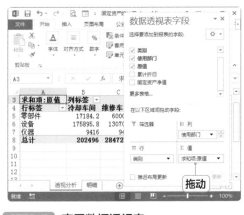

STEP 5 查看数据透视表

此时可见数据透视表的行标签对应的是"类别"字段的内容，列标签对应的是"使用部门"字段的内容，具体的数值则是对应"原值"字段的内容。

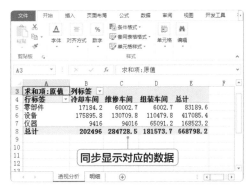

11.1.2 设置数据透视表

为了方便用户在数据透视表中汇总和分析数据，Excel 允许对数据透视表进行一些设置，如设置值字段数据格式、更改字段、设置值字段的汇总方式等，下面分别进行讲解。

微课：设置数据透视表

1. 设置值字段数据格式

无论数据透视表引用数据区域是哪种数据格式，数据透视表默认的格式均是常规型数据，但此时可以手动对数据格式进行设置。下面在"固定资产统计表 .xlsx"工作簿中将数据透视表中的数据格式设置为货币型，其具体操作步骤如下。

STEP 1 设置值字段

单击"数据透视表字段"窗格中"值"列表框中的"原值"字段，在打开的下拉列表中选择"值字段设置"选项。

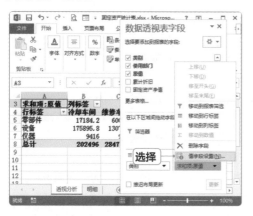

技巧秒杀

打开"值字段设置"对话框

在数据透视表中选择值字段对应的任意单元格，在【数据透视表工具 分析】/【活动字段】组中单击"字段设置"按钮，也可打开"值字段设置"对话框。

STEP 2 设置数字格式

打开"值字段设置"对话框，单击左下角的"数字格式"按钮。

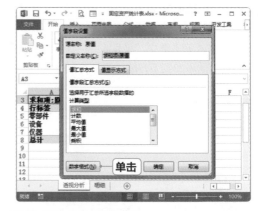

STEP 3 指定数据格式

❶打开"设置单元格格式"对话框，在左侧的列表框中选择"货币"选项；❷将小数位数设置为"0"；❸单击"确定"按钮。

STEP 4 确认设置

返回"值字段设置"对话框，单击"确定"按钮。此时数据透视表中的设置将显示为货币型数据格式。

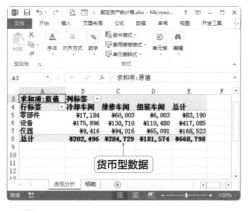

货币型数据

操作解谜

数据格式的应用范围

上述操作中，只是针对"原值"字段进行了数据格式的设置，因此只要值字段是该字段，那么无论对数据透视表进行哪种操作，显示的数据格式都是货币型数据。但是如果值字段换成其他字段，则数据类型还会是默认的常规型数据。

2. 更改字段

为数据透视表添加字段后，可以根据实际情况的需要，随时更改各个区域的字段，也可为某个区域同时添加多个字段，以满足对数据分析的需要。下面在"固定资产统计表.xlsx"工作簿中对数据透视表的字段进行适当更改，其具体操作步骤如下。

STEP 1 删除字段

在"数据透视表字段"窗格中撤销选中"类别"复选框，从数据透视表中删除"类别"字段。

技巧秒杀

删除字段

直接将某个列表框中的字段向外拖动，当鼠标光标右下方出现✗标记时，释放鼠标即可删除拖动的字段。

STEP 2 添加字段

将"名称"字段拖动到"行"列表框中，使数据透视表的行标签更改为"名称"字段。

STEP 3 删除字段

在"数据透视表字段"窗格中撤销选中"使用部门"复选框，删除该字段。

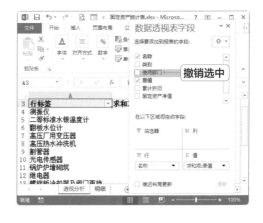

STEP 4　添加字段

将"类别"字段重新拖动到"列"列表框中，使数据透视表的列标签更改为"类别"字段。

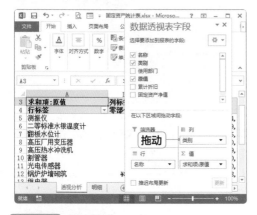

STEP 5　查看效果

此时数据透视表中显示的每一条记录都变为了每种固定资产的原值，同时在列方向上汇总了某种类别固定资产的原值情况。

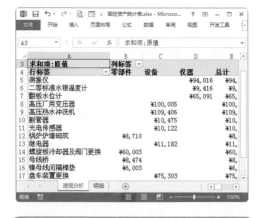

3. 设置值字段的汇总方式

数据透视表默认的值字段汇总方式是求和，根据需要可以重新设置汇总方式。下面在"固定资产统计表 .xlsx"工作簿中对数据透视表的值字段汇总方式进行设置，其具体操作步骤如下。

STEP 1　删除字段

拖动"原值"字段至列表框以外，当鼠标光标出现✕标记时释放鼠标，删除该字段。

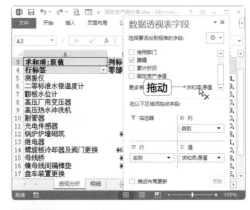

STEP 2　添加字段

拖动"固定资产净值"字段至"值"列表框中，添加该字段。

STEP 3　设置值字段

单击添加的"固定资产净值"字段，在打开的下拉列表中选择"值字段设置"选项。

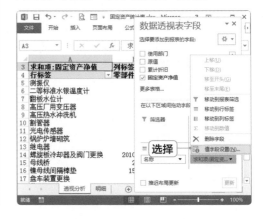

STEP 4　设置汇总方式

❶打开"值字段设置"对话框，在"值汇总方式"选项卡的列表框中选择"平均值"选项；❷单击左下角的"数字格式"按钮。

置为"0"；❸单击"确定"按钮。

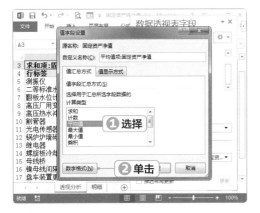

操作解谜

值显示方式

在"值字段设置"对话框的"值显示方式"选项卡中，可设置值字段的显示方式（默认为"无计算"），根据需要可设置为百分比显示、差异显示、指数显示等方式。

STEP 6　查看效果

此时数据透视表中的总计结果将从求和更改为平均值。

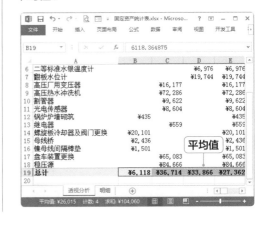

STEP 5　设置数字格式

❶打开"设置单元格格式"对话框，在左侧的列表框中选择"货币"选项；❷将小数位数设

11.1.3　使用数据透视表

添加并设置数据透视表后，便可使用它来进行数据分析。下面分别介绍如何在数据透视表中显示与隐藏明细数据、排序、筛选、刷新数据，以及怎样清除和删除数据透视表等。

微课：使用数据透视表

1.　显示与隐藏明细数据

如果数据透视表的某个标签中存在多个字段，则可以利用展开与折叠字段功能使数据透视表中的数据随时显示不同的级别。下面在"固定资产统计表 .xlsx"工作簿中对数据透视表的明

细数据进行显示与隐藏，其具体操作步骤如下。

STEP 1　添加字段

将"数据透视表字段"窗格中的"使用部门"字段拖动到"行"列表框中，使行标签中出现两个字段。

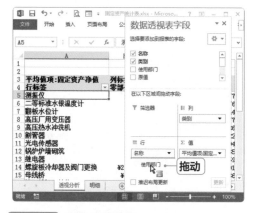

STEP 2 调整字段顺序

在"行"列表框中拖动"使用部门"字段至"名称"字段上方，调整两个字段的放置顺序。

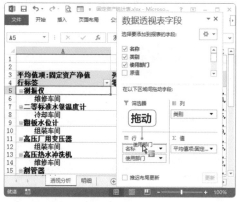

 操作解谜

字段的放置顺序

字段在某个区域的放置顺序不同，将直接决定数据透视表显示的结果。如"名称"字段在上，则"使用部门"字段的数据将作为"名称"字段的明细数据。反之，"使用部门"字段在上，则"名称"字段的数据将作为"使用部门"字段的明细数据。

STEP 3 查看结果

此时数据透视表中将按3种不同类型，汇总出3个使用部门的固定资产净值和平均值的具体情况。

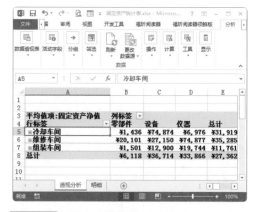

STEP 4 展开明细数据

选择 A5 单元格，在【数据透视表工具分析】/【活动字段】组中单击"展开字段"按钮，此时3个使用部门下的明细数据将在数据透视表中显示出来。

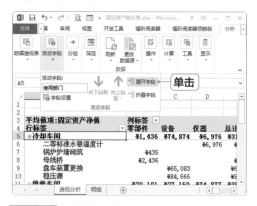

STEP 5 隐藏明细数据

继续在"活动字段"组中单击"折叠字段"按钮，此时显示的明细数据又将隐藏起来。

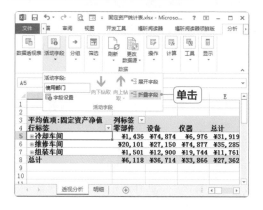

2. 排序数据透视表

数据透视表具备排序功能，可以通过对字段进行排序设置，使得数据结果遵循设置的顺序显示。下面在"固定资产统计表 .xlsx"工作簿中对数据透视表进行排序来更改数据显示顺序，其具体操作步骤如下。

STEP 1　删除字段

在"数据透视表字段"窗格中将"使用部门"字段从"行"列表框中删除。

STEP 2　设置排序方式

❶单击"行标签"单元格右侧的下拉按钮；❷在打开的下拉列表中选择"升序"选项。

STEP 3　设置其他排序方式

❶此时数据透视表的数据记录将按照名称（拼音的字母顺序）进行升序排序。再次单击"行标签"单元格右侧的下拉按钮；❷在打开的下拉列表中选择"其他排序选项"选项。

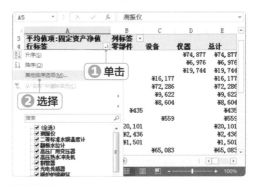

STEP 4　设置排序方式

❶打开"排序（名称）"对话框，单击选中"降序排序（Z 到 A）依据"单选项；❷在下方的下拉列表框中选择"平均值项: 固定资产净值"选项；❸单击"确定"按钮。

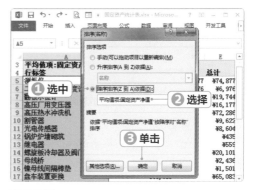

STEP 5　查看数据

此时数据透视表的数据记录将按照各固定资产净值的数值大小，由高到低进行排列。

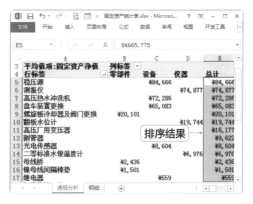

3. 筛选数据透视表

除排序外，数据透视表更能轻松实现各种数据筛选的操作，并允许直接在标签中进行筛选和通过添加筛选器进行筛选。下面在"固定资产统计表 .xlsx"工作簿中使用两种筛选方式实现对数据透视表数据的筛选工作，其具体操作步骤如下。

STEP 1 添加字段

将"使用部门"字段添加到"数据透视表字段"窗格中的"筛选器"列表框中。

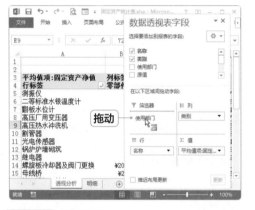

STEP 2 筛选部门

❶此时数据透视表左上方将出现添加的字段，单击右侧的下拉按钮；❷在打开的下拉列表中选择"组装车间"选项；❸单击"确定"按钮。

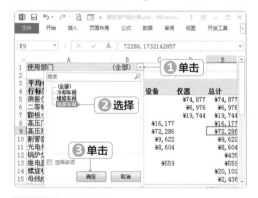

STEP 3 查看数据

此时数据透视表中将只显示组装车间的固定资产净值数据。

STEP 4 筛选多个部门

❶再次单击"使用部门"字段右侧的下拉按钮；❷在打开的下拉列表中单击选中"选择多项"复选框；❸在上方仅单击选中"冷却车间"和"维修车间"复选框；❹单击"确定"按钮。

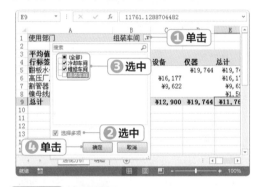

STEP 5 查看数据

此时数据透视表中将只显示冷却车间和维修车间的固定资产净值的相关数据。

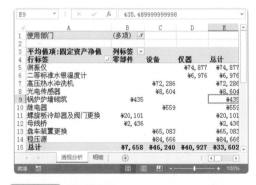

STEP 6 取消筛选

❶单击"使用部门"字段右侧的下拉按钮；❷在打开的下拉列表中单击选中"（全部）"复选框；❸单击"确定"按钮。

第3部分

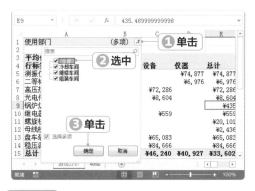

STEP 7 值筛选

❶此时数据透视表中将重新显示所有部门的固定资产净值数据，单击"行标签"单元格右侧的下拉按钮；❷在打开的下拉列表中选择"值筛选"子列表下的"介于"选项。

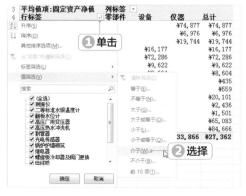

STEP 8 设置筛选范围

❶打开"值筛选（名称）"对话框，在右侧的两个文本框中分别输入"5000"和"50000"；❷单击"确定"按钮。

技巧秒杀

调整筛选条件

在打开的"值筛选"对话框中，可在第1个下拉列表框中选择筛选的目标值，并可在第2个下拉列表框中重新设置筛选条件。

STEP 9 查看数据

此时数据透视表中将仅显示净值在 5 000 ~ 50 000 元之间的固定资产数据情况。

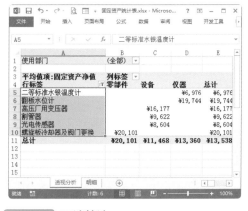

STEP 10 取消筛选

❶单击"行标签"单元格右侧的下拉按钮；❷在打开的下拉列表中选择"从'名称'中清除筛选"选项。

STEP 11 查看数据

此时数据透视表将取消筛选，重新显示所有固定资产的净值数据。

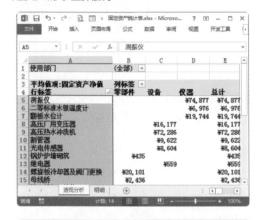

4. 刷新数据透视表

如果数据源因为某种原因进行了修改更正，此时数据透视表中的数据将不会自动更正，需要手动进行刷新。下面在"固定资产统计表 .xlsx"工作簿中修改数据并刷新数据透视表，其具体操作步骤如下。

STEP 1 修改数据

❶切换到"明细"工作表；❷将稳压源的原值、累计折旧和固定资产净值的数据进行修改。

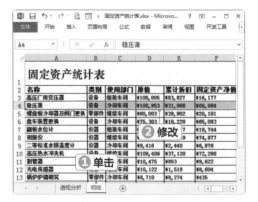

STEP 2 查看数据

切换到"透视分析"工作表，此时可见数据透视表中稳压源的固定资产净值并没有同步进行更改。

STEP 3 刷新数据

在【数据透视表工具 分析 】/【 数据 】组中单击"刷新"按钮，在打开的下拉列表中选择"全部刷新"选项。

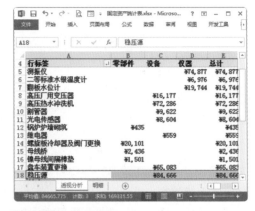

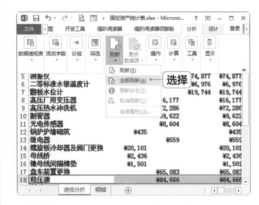

STEP 4 查看结果

此时数据透视表中稳压源的数据将发生变化，与数据源中的数据保持一致。

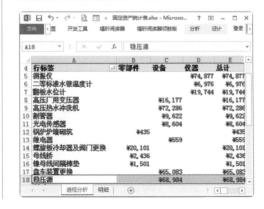

5. 清除或删除数据透视表

如果需要重新设置数据透视表的数据源，或者不需要数据透视表，则可将其清除或删除。下面在"固定资产统计表.xlsx"工作簿中清除和删除刷新数据透视表，了解两者的区别，其具体操作步骤如下。

STEP 1　选择数据透视表

在【数据透视表工具 分析】/【操作】组中单击"选择"按钮，在打开的下拉列表中选择"整个数据透视表"选项。

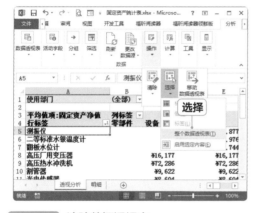

STEP 2　清除数据透视表

在【数据透视表工具 分析】/【操作】组中单击"清除"按钮，在打开的下拉列表中选择"全部清除"选项。

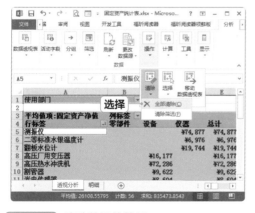

STEP 3　清除数据的结果

此时数据透视表中的数据将全部被清除，但数

据透视表本身仍然存在，功能区中也同样显示有数据透视表的相关设置参数。

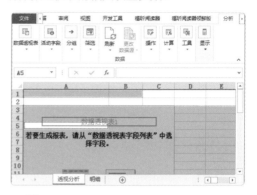

操作解谜

清除数据透视表

清除数据透视表的数据后，数据透视表这个对象仍然存在于表格中，此时可以在【数据透视表工具 分析】/【数据】组中单击"更改数据源"按钮，在打开的对话框中重新指定数据透视表的数据源。

STEP 4　删除数据透视表

按【Ctrl+Z】组合键撤销清除。选择包含数据透视表数据的所有行，在其上单击鼠标右键，在弹出的快捷菜单中选择"删除"命令。

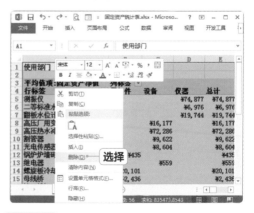

STEP 5　查看结果

此时数据透视表中的数据也将全部被清除，且数据透视表本身也不存在于 Excel 表格中。

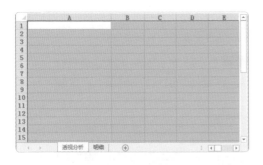

技巧秒杀

清除筛选

在【数据透视表工具 分析】/【操作】组中单击"清除"按钮，在打开的下拉列表中选择"清除筛选"选项，可以清除数据透视表的筛选状态，重新显示全部数据。

11.1.4 美化数据透视表

微课：美化数据透视表

数据透视表虽然是根据数据源而创建的，但同样可以对其外观进行美化设置。下面介绍如何为数据透视表应用样式以及手动美化数据透视表的方法。

1. 应用并设置样式

如果需要快速美化数据透视表，可直接应用 Excel 提供的样式。下面在"固定资产统计表 .xlsx"工作簿中为数据透视表应用样式并进行适当设置，其具体操作步骤如下。

STEP 1　选择样式

在【数据透视表工具 设计】/【数据透视表样式】组的"样式"下拉列表框中选择倒数第 2 行最后一种样式选项。

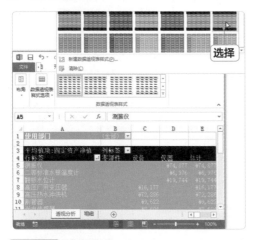

STEP 2　应用样式

此时数据透视表将应用所选的样式，且标题和汇总行等区域也会根据选择的样式自动应用对应的格式。

STEP 3　设置样式

在【数据透视表工具 设计】/【数据透视表样式选项】组中单击选中"镶边行"和"镶边列"复选框。

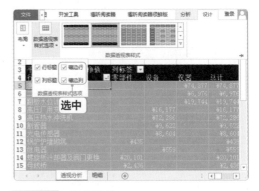

STEP 4　应用样式

此时数据透视表的各行各列都添加了边框。

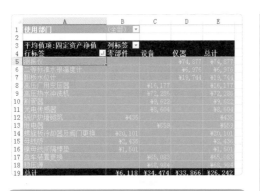

2. 手动美化数据透视表

如果 Excel 提供的样式无法满足对数据透视表美化的需要，则可手动进行美化。下面在"固定资产统计表 .xlsx"工作簿中为数据透视表进行适当美化设置，其具体操作步骤如下。

STEP 1 　设置字体

❶选择 A1:E19 单元格区域；❷在【开始】/【字体】组中将格式设置为"微软雅黑，10"。

STEP 2 　加粗字体

❶利用【Ctrl】键同时选择 A1:B1、A3:E4、A19:E19 单元格区域；❷在【开始】/【字体】组中单击"加粗"按钮。

STEP 3 　调整列宽

同时选择 B 列至 E 列单元格区域，拖动列标适当增加列宽。

STEP 4 　调整行高

同时选择第 5 行至第 18 行单元格区域，拖动行号适当增加行高。

STEP 5 　填充单元格区域

❶选择 B5:E18 单元格区域；❷在【开始】/【字体】组中单击"填充颜色"按钮右侧的下拉按钮，在打开的下拉列表中选择"主题颜色"栏中最后一行最后一列的颜色。

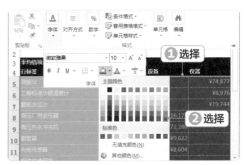

第 **11** 章　数据透视表和数据透视图的应用

11.1.5 | 使用切片器

通过筛选按钮来筛选数据透视表中的数据固然可以实现筛选操作，但如果项目较多或需要同时筛选多个项目时，则很难执行。此时可以利用切片器功能，通过它除可以进行快速筛选之外，还可以指定当前筛选状态，从而轻松、准确地了解已筛选的数据。

微课：使用切片器

1. 插入切片器

插入切片器通常是指在既有数据透视表中进行创建，并且在同一工作表中可以创建多个切片器。创建切片器之后，切片器将和数据透视表一起显示在工作表中，如果有多个切片器，则分层显示。下面在"固定资产统计表 .xlsx"工作簿中根据数据透视表在表格中插入切片器，其具体操作步骤如下。

STEP 1　插入切片器

在【数据透视表工具 分析】/【筛选】组中单击"插入切片器"按钮。

STEP 2　选择切片器

❶打开"插入切片器"对话框，单击选中"名称"复选框；❷单击"确定"按钮。

操作解谜

选择多个切片器

在"插入切片器"对话框中可同时单击选中多个复选框，这样将同时插入对应的多个切片器。

STEP 3　筛选数据

此时将插入"名称"切片器，在其中选择"测振仪"选项，数据透视表中将同步筛选出测振仪的相关数据信息。

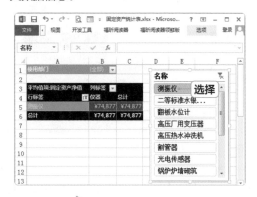

技巧秒杀

清除筛选

单击切片器右上角的"清除筛选器"按钮，可使数据透视表重新显示所有数据。

STEP 4　筛选数据

在"名称"切片器中选择"高压厂用变压器"选项，数据透视表中又将同步筛选出高压厂用变压器的相关数据信息。

STEP 5　筛选连续数据

在"名称"切片器中选择"二等标准水银温度计"
选项,然后按住【Shift】键选择"割管器"选项,
此时将同时筛选出这两个固定资产及其之间的
所有固定资产的数据。

STEP 6　筛选不连续的数据

在"名称"切片器中选择"测振仪"选项,然
后按住【Ctrl】键不放,依次选择"翻板水位
计""高压热水冲洗机""光电传感器"选项,
此时将同时筛选出这些固定资产的数据。

2. 更改切片器样式

更改切片器的样式就是对切片器的边框颜
色等样式进行设置,这样可以使其突出显示在表
格中,便于实际操作。下面在"固定资产统计
表.xlsx"工作簿中设置其中的切片器样式,其
具体操作步骤如下。

STEP 1　选择样式

选择切片器,然后在【切片器工具 选项】/【切
片器样式】组的"样式"下拉列表框中选择"深
色"栏中的第一个样式。

STEP 2　查看效果

此时切片器将应用所选的样式。

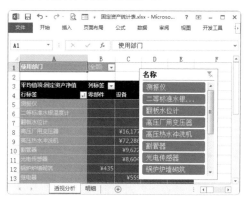

3. 设置切片器

通过设置,可以调整切片器中选项的排列
方式,也可设置切片器名称。下面在"固定资产
统计表.xlsx"工作簿中对其中的切片器进行适

当设置，其具体操作步骤如下。

STEP 1　启用设置切片器功能

选择切片器，在【切片器工具 选项】/【切片器】组中单击"切片器设置"按钮。

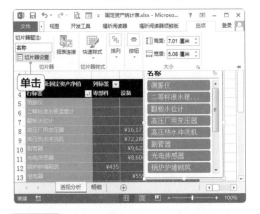

STEP 2　设置切片器

❶打开"切片器设置"对话框，撤销选中"显示页眉"复选框；❷单击选中"降序（Z至A）"单选项；❸单击"确定"按钮。

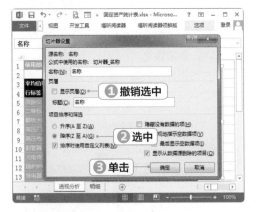

技巧秒杀

更改名称

在"切片器设置"对话框的"名称"文本框中，可更改当前切片器的名称。

STEP 3　查看效果

此时切片器的名称将被隐藏起来，且切片器中的选项将按降序排列。

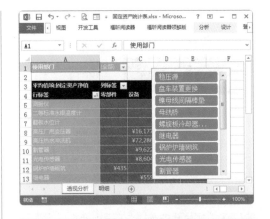

4.　删除切片器

切片器的主要作用是对数据透视表中的项目进行筛选，如果只需要显示数据透视表，则此时可删除切片器。下面在"固定资产统计表.xlsx"工作簿中将其中的切片器删除，其具体操作步骤如下。

STEP 1　删除切片器

在切片器上单击鼠标右键，在弹出的快捷菜单中选择"删除'名称'"命令。

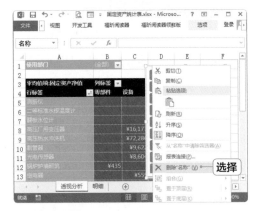

技巧秒杀

删除切片器

选择切片器后，直接按【Delete】键也可将切片器删除。

STEP 2　查看结果

此时切片器将从表格中删除。

第3部分

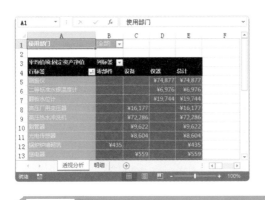

操作解谜

切片器删除后的结果

　　切片器删除后，数据透视表中的数据仍然以切片器的筛选情况显示，并不会恢复为显示全部数据。比如，切片器中筛选的是继电器的数据，则删除切片器后，数据透视表中显示的仍然是继电器的数据。

11.2 | 编辑"产品销售统计表"

　　数据透视图是以图表的形式表示数据透视表中的数据。与数据透视表一样，在数据透视图中可查看不同级别的明细数据，可筛选数据，而且具备图形显示这种更直观地表现数据的优点。下面通过数据透视图来分析"产品销售统计表"中的数据，主要涉及数据透视图的插入、移动、筛选、设置和美化等内容。

11.2.1 | 创建数据透视图

　　数据透视图的创建与透视表的创建相似，关键在于数据区域与字段的选择。另外，在创建数据透视图的同时，Excel 会同时创建数据透视表。也就是说，数据透视图和数据透视表是关联的，无论哪一个对象发生了变动，另一个对象也将同步变动。

微课：创建数据透视图

1. 插入数据透视图

　　插入数据透视图需要指定数据源，同样也需要添加字段到"数据透视图字段"窗格。下面在"产品销售统计表 .xlsx"工作簿中插入数据透视图，其具体操作步骤如下。

STEP 1 **插入数据透视图**

打开"产品销售统计表 .xlsx"工作簿，在【插入】/【图表】组中单击"数据透视图"按钮。

技巧秒杀

同时插入数据透视图和数据透视表

　　在【插入】/【图表】组中单击"数据透视图"按钮下方的下拉按钮，在打开的下拉列表中选择"数据透视图和数据透视表"选项，即可同时创建这两个对象。

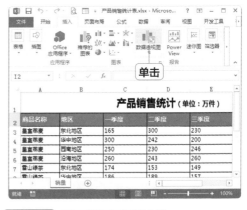

STEP 2 **设置数据透视图参数**

❶ 在打开的对话框中将数据区域指定为A2:G14 单元格区域；❷ 单击选中"现有工作表"单选项；❸ 将位置指定为 I2 单元格；❹ 单击"确定"按钮。

STEP 3 添加字段

创建数据透视图并打开"数据透视图字段"窗格，依次将"地区""商品名称""合计"字段添加到"轴（类别）""图例（系列）""值"列表框中。

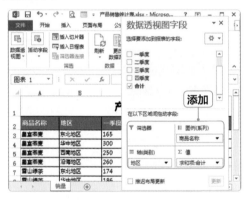

STEP 4 调整图表

完成数据透视图的创建，适当增加图表的大小尺寸，并移至表格数据下方。

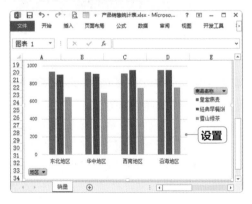

2. 移动数据透视图

为了更好地显示图表，可以将数据透视图单独放置到一个工作表中。下面在"产品销售统计表.xlsx"工作簿中插入的数据透视图移动到新工作表，其具体操作步骤如下。

STEP 1 移动图表

选择数据透视图，在【数据透视图工具 分析】/【操作】组中单击"移动图表"按钮。

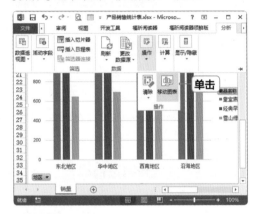

STEP 2 设置位置

❶打开"移动图表"对话框，单击选中"新工作表"单选项；❷在右侧的文本框中输入工作表名称为"图表分析"；❸单击"确定"按钮。

STEP 3 完成移动

此时数据透视图将移动到自动新建的"图表分析"工作表中，该图表成为工作表中唯一的对象，随工作表大小的变化而自动变化。

第3部分

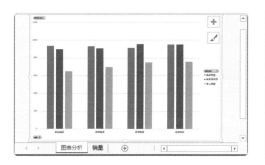

操作解谜

删除数据透视图

当移动数据透视图至新的工作表中后，是不能通过按【Delete】键删除数据透视图的。如果希望完全删除数据透视图，只能通过删除工作表的方法来实现。

11.2.2 使用数据透视图

数据透视图兼具数据透视表和图表的功能，因此在使用上也同时具备这两种对象的操作方法。下面重点介绍对数据透视图的筛选、添加趋势线、设置和美化等操作。

微课：使用数据透视图

1. 筛选图表并添加趋势线

插入数据透视图后，可利用添加的字段，在图表区通过各种筛选按钮实现数据的筛选，当然也能实现趋势线的添加操作。下面在"产品销售统计表.xlsx"工作簿中对数据透视图进行筛选，然后为其中的某个系列添加趋势线，其具体操作步骤如下。

STEP 1 筛选商品名称

❶单击"商品名称"下列按钮，在打开的下拉列表中仅单击选中"雪山绿茶"复选框；❷单击"确定"按钮。

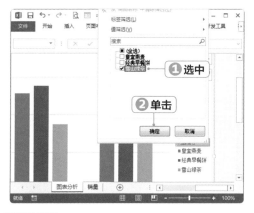

STEP 2 查看结果

此时数据透视图中将仅显示雪山绿茶在各个地区的销量情况。

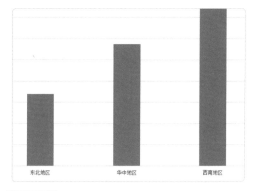

STEP 3 添加字段

删除"值"列表框中的"合计"字段，然后依次单击选中4个季度字段对应的复选框。

253

STEP 4 查看结果

此时数据透视图中将仅显示雪山绿茶在各个地区每个季度的销量情况。

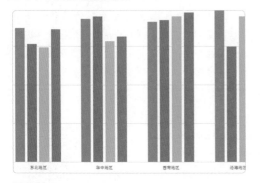

STEP 5 筛选地区

❶单击"地区"下列按钮，在打开的下拉列表中仅单击选中"华中地区"复选框；❷单击"确定"按钮。

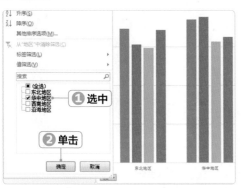

STEP 6 查看结果

此时数据透视图中又将显示雪山绿茶在华中地区每个季度的销量情况。

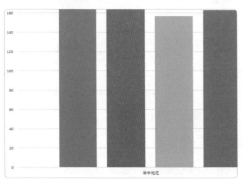

STEP 7 调整字段

重新将"值"列表框中的字段设置为"合计"字段。

STEP 8 清除筛选

单击"商品名称"下列按钮，在打开的下拉列表中选择"从'商品名称'中清除筛选"选项。

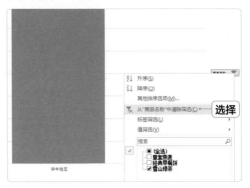

STEP 9 清除筛选

单击"地区"下列按钮，在打开的下拉列表中选择"从'地区'中清除筛选"选项。

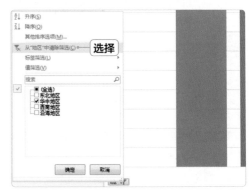

STEP 10　添加趋势线

在代表皇室燕麦的蓝色数据系列上单击鼠标右键，在弹出的快捷菜单中选择"添加趋势线"命令。

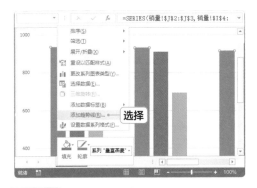

STEP 11　设置趋势线类型

在打开的窗格中单击选中"指数"单选项。

STEP 12　设置线条颜色

❶单击"填充线条"按钮；❷单击选中"实线"单选项；❸将颜色设置为"标准色"栏中的倒数第 3 个颜色选项。

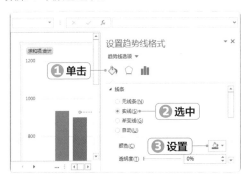

STEP 13　设置线型

❶继续在当前窗格的下方将宽度设置为"3磅"；❷将线型设置为实线样式。

STEP 14　设置线条效果

❶单击"效果"按钮；❷展开"发光"选项；❸将颜色设置为"标准色"栏中的倒数第 4 个颜色选项；❹将大小设置为"2磅"。

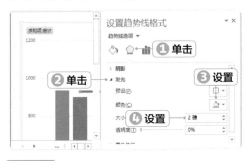

STEP 15　显示公式

❶单击"趋势线选项"按钮；❷单击选中下方的"显示公式"复选框，然后关闭窗格。

STEP 16　设置公式

❶选择公式，将其移至趋势线左上方；❷将所选公式的字体格式设置为"14，加粗"。

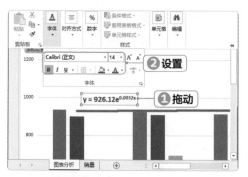

STEP 17 完成设置

此时数据透视图中将显示所有商品在各个地区的总销量情况，同时会显示商品皇室燕麦在各个地区的销量趋势。

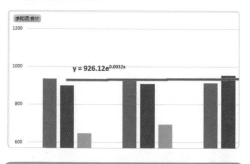

2. 设置并美化数据透视图

数据透视图可以灵活进行设置，如更改数据源、美化外观等。下面在"产品销售统计表 .xlsx"工作簿中对其中的数据透视图进行适当设置和美化工作，其具体操作步骤如下。

STEP 1 更改数据源

选择数据透视图，在【数据透视图工具 分析】/【数据】组中单击"更改数据源"按钮。

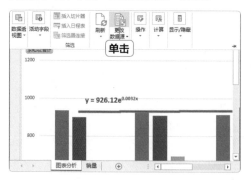

STEP 2 指定数据源

❶打开"移动数据透视表"对话框，在"表/区域"文本框中指定数据源为 A2:D14 单元格区域；
❷单击"确定"按钮。

STEP 3 调整字段

将"一季度"和"二季度"两个字段添加到"值"列表框中。

STEP 4 应用样式

在【数据透视图工具 设计】/【图表样式】组的"样式"下拉列表框中选择倒数第 3 种样式。

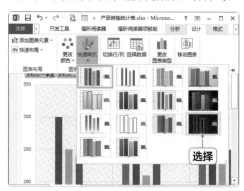

STEP 5　添加图表标题

继续在【数据透视图工具 设计】/【图表布局】组中单击"添加图表元素"按钮，在打开的下拉列表中选择"图表标题"子列表中的"图表上方"选项。

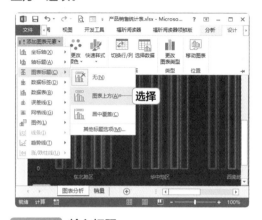

STEP 6　输入标题

将插入的图表标题内容修改为"所有商品上半年销量对比"。

STEP 7　添加数据标签

再次单击"添加图表元素"按钮，在打开的下拉列表中选择"数据标签"子列表中的"数据标签外"选项。

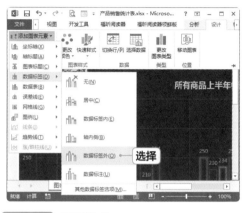

STEP 8　设置格式

❶ 选择皇室燕麦第二季度对应的销量数据标签；❷ 将其字体格式设置为"11，加粗，红色"。

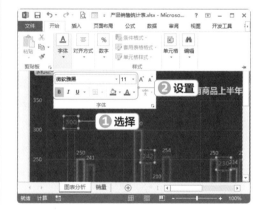

新手加油站 ——数据透视图表的应用技巧

1. 计算数据透视表中的值

　　创建数据透视表后，还可利用当前数据透视表中的数据来进行计算，并创建出各种需要的字段，其具体操作步骤如下。

　　❶ 在 A1:B10 单元格区域中输入相关业务员和销售业绩数据，并利用该单元格区域创建

数据透视表。

❷ 在【数据透视表工具 分析】/【计算】组中单击"字段、项目和集"按钮，在打开的下拉列表中选择"计算字段"选项，此时将打开"插入计算字段"对话框。在"名称"文本框中为新字段命名。在"公式"文本框中输入"="，选择下方列表框中的某个字段信息，单击"插入字段"按钮插入到公式中，并继续完成公式的后续输入，最后单击"确定"按钮。

❸ 此时将在"数据透视表字段"窗格中插入创建的字段，按其他字段的使用方法可将该字段添加到数据透视表中并进行相关的设置和使用。

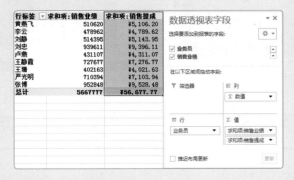

2. 在数据透视表中使用日程表筛选数据

如果数据透视表中有关于日期的数据，可以通过插入日程表的方式，利用该日程表直观地筛选并查看数据，其具体操作步骤如下。

❶ 在 A1:B10 单元格区域中输入相关日期和目标任务数据，并利用该单元格区域创建数据透视表。

❷ 在【数据透视表工具 分析】/【筛选】组中单击"插入日程表"按钮，在打开的对话框中单击选中"日期"复选框，单击"确定"按钮。此时将在数据透视表中插入日程表，单击"2月"区域，可显示 2 月的目标任务情况。

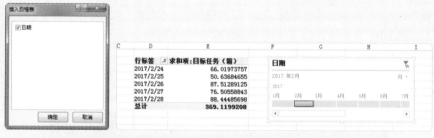

❸ 同样，单击"3 月"区域，则将在数据透视表中显示 3 月的目标任务情况。

高手竞技场 ——数据透视图表的应用练习

1. 分析"高考成绩表"

根据提供的"高考成绩表.xlsx"工作簿，创建数据透视表和切片器来实现对数据的汇总、筛选和查看，要求如下。

第 **11** 章

数据透视表和数据透视图的应用

● 创建数据透视表，分析每名考生理科综合以及总分情况。

● 为数据透视表应用样式进行适当美化设置。

● 插入"考生姓名"切片器，查看各考生的每科高考成绩。

● 汇总所有考生每科的平均成绩和总分的平均成绩。

2. 分析"销售业绩统计表"

根据提供的"销售业绩统计表 .xlsx"工作簿中的销售数据，创建数据透视图，对比并刷新员工销售业绩，要求如下。

● 创建数据透视图，汇总所有员工的签单金额。

● 为数据透视图应用样式并添加和设置数据标签。

● 利用数据透视表中的"行标签"项目筛选出签单金额小于"5 000"的数据记录。

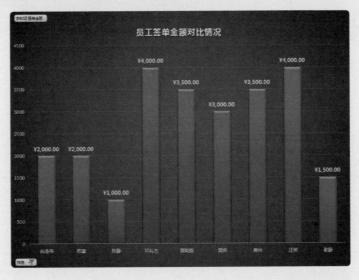

第3部分

第 12 章

其他数据分析方法

/ 本章导读

在工作中，如果希望达到一个预期的结果或理想的目标，往往需要事先做出一些假设，计算在各种假设条件下达到一个标准或实现目标的条件，为决策者提供决策依据。然而，当需要分析大量且复杂的数据时，往往很难设计专业的分析模型，会给决策造成障碍。此时便可运用 Excel 的各种数据分析功能实现对数据的分析，如方案管理、模拟预算、规划求解、单变量求解、回归分析等。

甲银行信贷方案

方案	贷款总额	期限(年)	年利率	每年还款额	每季度还款额	每月还款额
1	¥1,000,000.0	3	6.60%	¥378,270.1	¥92,538.8	¥30,694.5
2	¥1,500,000.0	5	6.90%	¥364,857.0	¥89,318.7	¥29,631.1
3	¥2,000,000.0	5	6.75%	¥484,520.7	¥118,655.9	¥39,366.9
4	¥2,500,000.0	10	7.20%	¥359,241.6	¥88,214.4	¥29,285.5

¥359,241.6	6	7	8	9	10	还款期限(年)
7.22%	¥528,056.9	¥467,447.1	¥422,245.8	¥387,315.1	¥359,572.1	
6.97%	¥523,971.5	¥463,365.7	¥418,150.4	¥383,194.0	¥355,417.4	
6.96%	¥523,842.0	¥463,236.3	¥418,020.7	¥383,063.5	¥355,285.9	
6.90%	¥522,936.1	¥462,331.6	¥417,113.2	¥382,150.6	¥354,365.9	
7.54%	¥533,199.1	¥472,587.7	¥427,407.0	¥392,511.5	¥364,813.7	
7.18%	¥527,342.6	¥466,733.3	¥421,529.4	¥386,594.0	¥358,845.1	
7.13%	¥526,563.8	¥465,955.2	¥420,748.5	¥385,808.2	¥358,052.7	
6.89%	¥522,677.4	¥462,073.3	¥416,854.1	¥381,890.0	¥354,103.2	
7.06%	¥525,396.6	¥464,789.1	¥419,578.4	¥384,630.8	¥356,865.7	
7.04%	¥525,137.3	¥464,530.2	¥419,318.6	¥384,369.4	¥356,602.2	
7.12%	¥526,434.0	¥465,825.6	¥420,618.4	¥385,677.3	¥357,920.7	
年利率波动						

12.1 编辑"投资计划表"

企业投资是获取更大利润的一种常见渠道，使用 Excel 可以为投资计划提供准确的数据参考，给企业决策带来帮助。下面首先介绍如何使用 Excel 的方案管理器来选择最优信贷方案，并利用模拟运算表来计算在条件变动的情况下每期还款额的情况。

12.1.1 方案管理器的使用

方案管理器是 Excel 提供的模拟分析工具，它可以保存多种方案数据，然后通过输出摘要的方式来对比各个方案的数据情况。使用方案管理器之前，需要依次创建各个方案，然后通过确定含有公式的结果单元格，来输出与之对应的其他方案结果。

微课：方案管理器的使用

1. 输入并计算基本方案

使用方案管理器之前，可以实现输入并计算一个基本方案，以便后面为其他方案引用数据。下面在"投资计划表.xlsx"工作簿中输入并计算基本方案，其具体操作步骤如下。

STEP 1 输入数据

打开"投资计划表.xlsx"工作簿，在"方案选择"工作表中依次输入方案序号、贷款总额、还款期限和年利率。

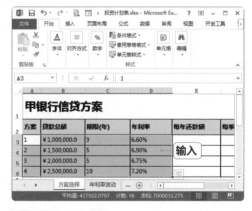

STEP 2 输入函数

❶选择 E3 单元格；❷在编辑栏中输入函数"=PMT(D3,C3,−B3)"，按【Ctrl+Enter】组合键确认输入并返回结果。

STEP 3 填充函数

拖动 E3 单元格的填充柄至 E6 单元格，为 E4:E6 单元格区域填充函数。

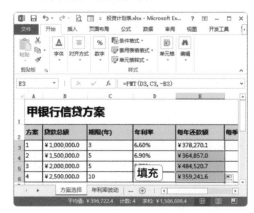

第 3 部分

技巧秒杀

【Ctrl+Enter】组合键的应用
选择单元格区域，在编辑栏中输入数据或公式后，按【Ctrl+Enter】组合键可输入相同数据或相对引用输入的公式。

STEP 4　输入函数
❶选择 F3 单元格；❷在编辑栏中输入函数"=PMT(D3/4,C3*4,-B3)"，按【Ctrl+Enter】组合键确认输入并返回结果。

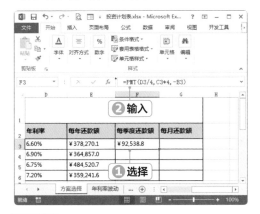

STEP 5　填充函数
拖动 F3 单元格的填充柄至 F6 单元格，为 F4:F6 单元格区域填充函数。

STEP 6　输入函数
❶选择 G3 单元格；❷在编辑栏中输入函数"=PMT(D3/12,C3*12,-B3)"，按【Ctrl+Enter】

组合键确认输入并返回结果。

STEP 7　填充函数
拖动 G3 单元格的填充柄至 G6 单元格，为 G4:G6 单元格区域填充函数。

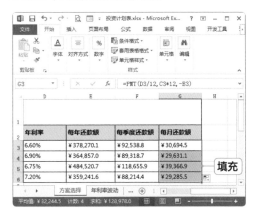

2. 使用方案管理器创建方案

　　Excel 提供的方案管理器可以很方便地实现方案的建立和选择，并灵活设置方案名称，能够轻松指定可变单元格，这些工作都是输出方案并选择最优方案之前应该进行的准备工作。下面在"投资计划表 .xlsx"工作簿中创建方案，其具体操作步骤如下。

STEP 1　使用方案管理器
❶在【数据】/【数据工具】组中单击"模拟分析"按钮；❷在打开的下拉列表中选择"方案管理器"选项。

STEP 2 添加方案

打开"方案管理器"对话框,单击"添加"按钮。

STEP 3 指定方案名称和可变单元格

❶打开"添加方案"对话框,在"方案名"文本框中输入"乙银行方案1";❷将"可变单元格"指定为B3:D3单元格区域;❸单击"确定"按钮。

STEP 4 设置可变单元格的值

❶打开"方案变量值"对话框,输入该方案的具体数值;❷单击"确定"按钮。

STEP 5 添加方案

返回"方案管理器"对话框,此时将显示添加的方案选项,继续单击"添加"按钮。

技巧秒杀

重新修改已有方案

打开"方案管理器"对话框后,选择列表框中某个已有方案选项,单击"编辑"按钮可对该方案的名称、可变单元格和对应的数值进行更改。

STEP 6 指定方案名称

❶打开"添加方案"对话框,在"方案名"文本框中输入"乙银行方案2",可变单元格保

持默认设置不变；❷单击"确定"按钮。

STEP 7　设置可变单元格的值

❶打开"方案变量值"对话框，输入该方案的具体数值；❷单击"确定"按钮。

STEP 8　添加方案

❶按相同的方法添加"丙银行方案 1"方案，并输入具体的方案数据；❷单击"确定"按钮。

STEP 9　添加方案

❶继续添加方案"丙银行方案 2"方案，并输入具体的方案数据；❷单击"确定"按钮。

3. 输出并查看方案摘要

　　完成方案的创建后，可将这些方案信息输出，并查看相关的最优方案情况。下面将"投资计划表 .xlsx"工作簿中创建的方案输出，其具体操作步骤如下。

STEP 1　输出摘要

创建好方案后可返回"方案管理器"对话框，单击其中的"摘要"按钮。

STEP 2　输出摘要

❶打开"方案摘要"对话框，单击选中"方案摘要"单选项；❷将 G3 单元格地址引用到"结果单元格"文本框中；❸单击"确定"按钮。

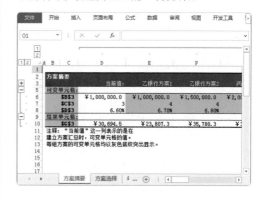

可以显示各个方案下每月还款额的情况，可据
此选择其中最适合企业的一种方案。

STEP 3 查看结果

此时将自动新建"方案摘要"工作表，在其中

12.1.2 模拟运算表的使用

模拟运算表可以分析在一种或两种数据产生波动的情况下与之相关的
数据变化情况。当在"模拟运算表"对话框中仅指定引用的行或列之中的任
意一种单元格时，将得到单变量模拟运算结果；同时指定行和列的单元格，
则得到双变量模拟运算结果。

微课：模拟运算表的使用

1. 单变量模拟运算

当只有一个因素存在变化时，可以利用模
拟运算表来寻找不同数值下对应的结果。下面
在"投资计划表.xlsx"工作簿中计算不同年利
率下每年的还款额，其具体操作步骤如下。

STEP 1 输入数据

❶切换到"年利率波动"工作表；❷在
A10:A20 单元格区域中输入不同的年利率。

STEP 2 复制函数

通过编辑栏将 E6 单元格中的函数复制到 B9
单元格中。

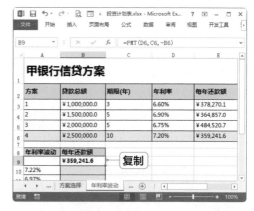

STEP 3 使用模拟运算表

❶选择 A9:B20 单元格区域；❷在【数据】/【数
据工具】组中单击"模拟分析"按钮，在打开
的下拉列表中选择"模拟运算表"选项。

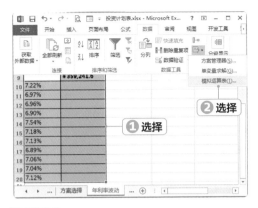

STEP 4 指定单元格

❶打开"模拟运算表"对话框,将 D6 单元格地址引用到"输入引用列的单元格"文本框中;❷单击"确定"按钮。

STEP 5 查看结果

此时 Excel 将自动返回不同年利率下对应的年还款额数据。

2. 双变量模拟运算

如果有两个因素都可能变化,也可以利用模拟运算表来自动计算出答案。下面在"投资计划表 .xlsx"工作簿中计算不同年利率和不同还款期限下每年的还款额,其具体操作步骤如下。

STEP 1 输入数据

❶在 B8:G8 单元格区域中输入变动的还款期限;❷在 A9:A20 单元格区域中输入变动的年利率。

STEP 2 复制函数

将 E6 单元格中的函数复制到 A8 单元格中。

STEP 3 使用模拟运算表

❶选择 A8:F19 单元格区域;❷在【数据】/【数据工具】组中单击"模拟分析"按钮,在打开的下拉列表中选择"模拟运算表"选项。

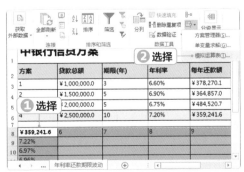

STEP 4 指定单元格

❶打开"模拟运算表"对话框,分别将输入引用行和输入引用列的单元格指定为 C6 和 D6 单元格;❷单击"确定"按钮。

STEP 5 查看结果

此时将显示不同年利率与不同还款期限下对应的年还款额数据。

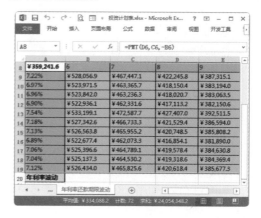

12.2 编辑"进销分析表"

第3部分

进销分析主要是对企业采购方面和销售方面的数据进行管理与分析。下面制作的"进销分析表"重点将在最优采购量和销量预测上进行分析,同时将用到 Excel 的规划求解和回归分析工具。

12.2.1 规划求解

规划求解是一组命令的组成部分,这些命令有时也称作假设分析,可通过更改其他单元格来确定某个单元格的最大值或最小值。规划求解可以计算目标单元格中公式的最佳值,并通过调整可变单元格来重新获取目标单元格的值。

微课:规划求解

1. 加载规划求解分析工具

Excel 默认的功能区中并没有显示规划求解参数,因此使用它之前需要进行加载。下面在"进销分析表 .xlsx"工作簿中加载规划求解分析工具,其具体操作步骤如下。

STEP 1 加载项设置

打开"进销分析表 .xlsx"工作簿,在"销售"工作表中选择【文件】/【选项】命令,然后在打开的"Excel 选项"对话框左侧选择"加载项"选项。

STEP 2　管理加载项

❶在下方的"管理"下拉列表框中选择"Excel 加载项"选项；❷单击"转到"按钮。

STEP 3　添加加载项

❶打开"加载宏"对话框，在列表框中单击选中"规划求解加载项"复选框；❷单击"确定"按钮。

2. 建立模型

　　如果希望得到规划求解的结果，需要先建立相关的数据模型。下面在"进销分析表 .xlsx"工作簿中输入相关的数据和公式，并设置公式的显示模式，其具体操作步骤如下。

STEP 1　输入数据

❶切换到"采购"工作表；❷在 B3:E10 单元格区域中输入供应商以及企业自身情况的相关材料采购数据。

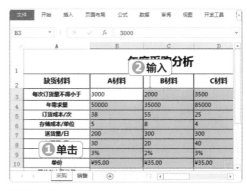

STEP 2　输入公式

❶在 B12 单元格中输入公式"=B4*B10*(1-B9)"；❷按【Ctrl+Enter】组合键确认输入。

STEP 3　填充公式

将 B12 单元格中的公式填充至 C12:E12 单元格区域中。

STEP 4　输入并填充公式

在 B13 单 元 格 中 输 入 公 式 "=(B11-B11/B7*B8)/2"，并向右填充至 E13 单元格中。

STEP 5 输入并填充公式

在 B14 单元格中输入公式"=B4/B11*B5"，并向右填充至 E14 单元格。

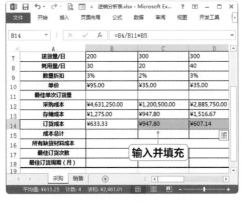

STEP 6 输入并填充公式

在 B15 单元格中输入公式"=SUM(B12:B14)"，并向右填充至 E15 单元格中。

STEP 7 输入公式

在 B16 单元格中输入公式"=SUM(B15:

E15)"。

STEP 8 输入并填充公式

在 B17 单元格中输入公式"=B4/B11"，并向右填充至 E17 单元格中。

STEP 9 输入并填充公式

在 B18 单元格中输入公式"=12/B17"，并向右填充至 E18 单元格中。

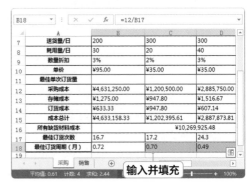

STEP 10　设置显示方式

❶重新打开"Excel 选项"对话框，选择左侧的"高级"选项；❷在右侧"此工作表的显示选项"栏中单击选中"在单元格中显示公式而非其计算结果"复选框，并确认设置。

STEP 11　调整列宽

适当缩小各列列宽，使其能完整地显示单元格中的内容即可。

	A	B	C	D
1	年度采购分析			
2	缺货材料	A材料	B材料	C材料
3	每次订货量不得小于	3000	2000	3500
4	年需求量	50000	35000	85000
5	订货成本/次	38	55	25
6	存储成本/单位	5	8	4
7	送货量/日	200	300	300
8	耗用量/日	30	20	40
9	数量折扣	0.025	0.02	0.03
10	单价	95	35	35
11	最佳每次订货量			
12	采购成本	=B4*B10*(1-B9)	=C4*C10*(1-C9)	=D4*D10*(1-D9)
13	存储成本	=(B11-B11/B7*B8)/2	=(C11-C11/C7*C8)/2	=(D11-D11/D7*D8)/2
14	订货成本	=B4/B11*B5	=C4/C11*C5	=D4/D11*D5

3. 规划求解计算

　　完成模型的创建后，便可利用规划求解功能，通过指定目标单元格和可变单元格，并添加约束来计算最佳采购方案。下面在"进销分析表 .xlsx"工作簿中实现规划求解，其具体操作步骤如下。

STEP 1　使用规划求解功能

在【数据】/【分析】组中单击"规划求解"按钮。

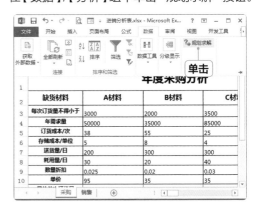

STEP 2　设置目标单元格和可变单元格

❶打开"规划求解参数"对话框，将"设置目标"文本框中的单元格设置为 B16 单元格；❷单击选中"最小值"单选项；❸将"通过更改可变单元格"文本框中的单元格设置为 B11:E11 单元格区域；❹单击"添加"按钮。

STEP 3　添加约束

❶打开"添加约束"对话框，将"单元格引用"文本框中的单元格设置为 B11 单元格；❷在"条件"下拉列表框中选择">="选项；❸将"约束"文本框中的单元格设置为 B3 单元格；❹单击"添加"按钮。

STEP 4   添加其他约束

❶按照相同的方法依次添加其他 3 个约束条件 "C11>=C3" "D11>=D3" "E11>=E3";
❷确认后返回"规划求解参数"对话框,单击"求解"按钮。

STEP 5   返回结果

打开"规划求解结果"对话框,直接单击"确定"按钮。

STEP 6   调整工作表

重新将工作表设置为显示结果而不是显示公式的状态,并根据内容调整各列列宽。

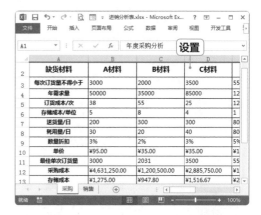

12.2.2   回归分析

　　回归分析是因果预测法中最常用的方法,因果预测法是根据成本与其相关的内在联系,建立数学模型并进行分析预测的各种方法。下面在"进销分析表 .xlsx"工作簿中进行回归分析,其具体操作步骤如下。

微课:回归分析

STEP 1   设置加载项

❶在"销售"工作表中打开"Excel 选项"对话框,选择左侧的"加载项"选项,在"管理"下拉列表框中选择"Excel 加载项"选项;❷单击"转到"按钮。

STEP 2　加载分析工具库

❶打开"加载宏"对话框，在其中的列表框中单击选中"分析工具库"复选框；❷单击"确定"按钮。

STEP 3　使用回归分析工具

❶在【数据】/【分析】组中单击"数据分析"按钮；❷打开"数据分析"对话框，在其中的列表框中选择"回归"选项；❸单击"确定"按钮。

STEP 4　设置回归参数

❶打开"回归"对话框，指定"Y值输入区域"和"X值输入区域"的单元格区域分别为

B2:B14 和 A2:A14 单元格区域；❷单击选中"标志"复选框；❸单击选中"输出区域"单选项，将输出区域指定为 D1 单元格；❹单击选中"残差"和"线性拟合图"复选框；❺单击"确定"按钮。

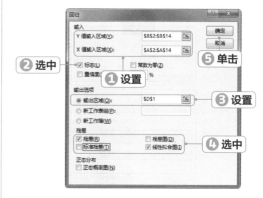

STEP 5　查看结果

此时将显示回归数据分析工具根据提供的单元格区域的数据得到的预测结果，其中还配以散点图来直观地显示数据趋势。通过图表以及工作表中"RESIDUAL OUTPUT"栏下的数据可查看预测的销售数据及趋势。

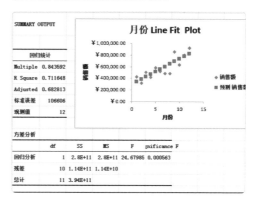

新手加油站——其他数据分析方法技巧

1. 单变量求解

单变量求解是解决假定一个公式要取得某一结果值时，其中变量的引用单元格应取值为

第 **12** 章　其他数据分析方法

第
3
部
分

多少的问题。举例来说，假设某职工的年终奖金是其全年销售额的 10%，其前三个季度的销售额在已知的情况下，该职工希望知道第四季度的销售额为多少时，才能保证年终奖金为 15 000 元。此时便可利用单变量求解工具进行计算，其具体操作步骤如下。

❶ 建立表格数据，输入前三季度该职工的销售额业绩，并建立年终奖金的计算公式。

❷ 在【数据】/【数据工具】组中单击"模拟分析"按钮，在打开的下拉列表中选择"单变量求解"选项，在打开的对话框中依次设置目标单元格、目标值以及可变单元格。

❸ 确认后 Excel 便开始根据条件进行计算，完成后会自动在目标单元格和可变单元格中输入相应的数据，关闭"单变量求解"对话框即可。

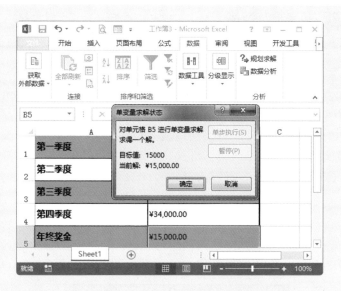

2. 定义与计算数组

定义数组就是为单元格区域命名，命名后可以利用名称来建立函数，从而完成数组的计算。其具体操作步骤如下。

❶ 选择需命名的单元格区域，在名称框中输入相应的名称，然后按【Enter】键确认输入。

❷ 插入相应的函数，计算该单元格区域时只需输入对应的名称即可引用。需要注意的是，数组的计算只能借助于函数，而不能使用公式。

高手竞技场 ——其他数据分析方法练习

1. 制作工程施工计划表

某公司投资一项工程建设，目前有多种施工方案可供选择，先需要利用方案管理器通过计算后选择其中最优的方案，要求如下。

● 计算 A 队预计完工时间，公式为人数 × 质量系数 × 人均工作量。

● 利用方案管理器建立 B 队、C 队、D 队和 E 队的方案，其中可变单元格为 B3:B5 单元格区域。

● 将结果单元格设置为 B6，生成摘要查看结果。

项目施工A队情况	
施工队伍	A队
人数	15
质量系数	1.5
人均工作量（小时）	11.6
预计完工时间（小时）	3920

其他方案				
施工队伍	B队	C队	D队	E队
人数	20	10	10	15
质量系数	1.2	1.4	1.2	1.3
人均工作量（小时）	8.4	14.3	15.8	8.5

方案摘要		当前值：	B队	C队	D队	E队
可变单元格：						
	$B$3	15	20	10	10	15
	$B$4	1.5	1.2	1.4	1.2	1.3
	$B$5	11.6	8.4	14.3	15.8	8.5
结果单元格：						
	$B$6	3920	4032	2002	1896	2486.25

注释："当前值"这一列表示的是在建立方案汇总时，可变单元格的值。
每组方案的可变单元格均以灰色底纹突出显示。

2. 制作产量预计表

某公司新购置了 10 台相同的机器，需要计算在该机器不同速率和纠错率的情况下，预计产量情况，要求如下。

● 产品产量＝机器效率 × 数量 × 速率 – 机器效率 × 数量 × 速率 × 纠错率。

● 利用模拟运算表计算速率与纠错率波动时的产量数据。

● 创建纠错率为 0.1 时不同速率的折线图，并添加误差线。

某产品产量预计情况表				
固定速率	固定纠错率	机器效率	机器数量	产量
1.2	0.05	200	10	2280

2280	0.03	0.04	0.06	0.07	0.08	0.09	0.1
1.05	2037	2016	1974	1953	1932	1911	1890
1.1	2134	2112	2068	2046	2024	2002	1980
1.15	2231	2208	2162	2139	2116	2093	2070
1.25	2425	2400	2350	2325	2300	2275	2250
1.3	2522	2496	2444	2418	2392	2366	2340
1.35	2619	2592	2538	2511	2484	2457	2430
1.4	2716	2688	2632	2604	2576	2548	2520
1.45	2813	2784	2726	2697	2668	2639	2610
1.5	2910	2880	2820	2790	2760	2730	2700
1.55	3007	2976	2914	2883	2852	2821	2790

第 3 部分